MAKER & EDU 创客教育

“十三五”

这是一本介绍集设计与制造为一体的激光建模软件

这是一本介绍激光切割工艺模式、建模方法及 DIY

激光切割与 LaserMaker 建模

从激光技术原理到激光切割工艺，从激光切割材料到建模制造流程，从平面案例到立体案例，LaserMaker 让你体验快速造物的乐趣。
让我们一起来学习切割，切出创意！

龙丽嫦　高伟光 著

人民邮电出版社
北京

图书在版编目（CIP）数据

激光切割与LaserMaker建模 / 龙丽嫦，高伟光著
. -- 北京 : 人民邮电出版社，2020.8（2024.1重印）
（创客教育）
ISBN 978-7-115-53729-4

Ⅰ. ①激… Ⅱ. ①龙… ②高… Ⅲ. ①激光切割—系统建模—应用软件—教材 Ⅳ. ①TG485-39

中国版本图书馆CIP数据核字(2020)第053028号

内 容 提 要

本书对激光切割的原理、激光切割机的类型和利用激光切割机进行 DIY 制造的流程进行了详细的介绍，通过介绍 LaserMaker 建模软件的基本操作方法和 4 种激光切割的工艺模式，让读者了解在 DIY 制造中如何利用 LaserMaker 建模软件进行建模。

本书介绍了 12 个从易到难的 LaserMaker 设计实例，读者可以从中掌握由平面作品到立体作品的绘图操作、工艺模式设置和设计技巧，感受激光切割造物的乐趣。

读者阅读本书可以了解利用激光切割技术进行作品设计的常见思路及工艺模式，能够从零开始制作第一件激光切割作品，并逐步形成对于激光切割建模的方法的认知，从而体验与实践激光造物在创客教育中的应用。

本书既适合中小学选修课或课外兴趣班使用，也适合创客、创客教育工作者作为工具用书或参考读物。

◆ 著　　　龙丽嫦　高伟光
责任编辑　韩　蕊
责任印制　彭志环
◆ 人民邮电出版社出版发行　　北京市丰台区成寿寺路 11 号
邮编　100164　　电子邮件　315@ptpress.com.cn
网址　https://www.ptpress.com.cn
北京天宇星印刷厂印刷
◆ 开本：787×1092　1/16
印张：11.25　　　2020 年 8 月第 1 版
字数：235 千字　　　2024 年 1 月北京第 14 次印刷

定价：89.00 元

读者服务热线：(010)81055493　印装质量热线：(010)81055316
反盗版热线：(010)81055315
广告经营许可证：京东市监广登字 20170147 号

前　言

在创客教育热潮席卷校园之前，大多数师生对于激光切割机感觉既陌生而又好奇。实际上，在工业制造、广告制作等领域，激光切割机作为一种生产加工设备，早已被广泛应用。而激光切割技术，既可以是工厂生产流水线上一环要用到的技术，也可以是广告设计后物料加工成型的技术。

我于 2015 年 1 月初与其他工作伙伴在广州市电化教育馆内联合创建了“广州教育创客空间”（后更名为“红棉创客空间”）并负责其管理和运营。在红棉创客空间里，我们按麻省理工学院发起的 Fablab 模式配置了 3D 打印机、激光切割机、数控机床等设备和开源硬件、传感器模块等电子元器件，情怀满满而又自信地张罗了一次又一次的科普型工作坊活动、主题分享活动与技术培训，为中小学一线老师能够认识创客、创客空间和创客教育提供基于空间场域的情景学习和实操性培训。

无论是在科普工作坊活动还是在技术培训，我们无不感受到动手制作是一种令人感觉兴奋和满足的学习体验。激光切割也不例外，而且有过之而无不及。除了那一束红光走位灼烧木板爆射的火花，伴随着的还有烧蚀木板带来的“香味”，那沿控制轨迹雕刻或切割而成的作品等待片刻便呈现在眼前，这一切从视觉、味觉和成就感，均带来了让我们啧啧称赞的激动。我们迫不及待地希望更多的中小学师生能够知道这一切、体验这一切、掌握这一切。

我们的第一次激光切割工作坊活动，是在 2015 年的中秋节前夕举办的，主题是做一个中秋灯笼，切割材料是硬纸板。灯笼棒、灯泡、开关、电池等材料都是在网上商城淘得的。工作坊是由红棉创客空间创客导师发起并设计的，为避免等待切割浪费时间，给参与工作坊的人留更多灯笼制作的时间，我们还找来了其他创客空间的创客配合工作坊的开展。于是在这一场工作坊中，既有预先用激光切割机切好的中秋灯笼板框提供给大家搭建，也有创客操作激光切割机轰隆隆地切割着，还有忙着往板框上糊宣纸和画画的孩童们。每一个参与工作坊的人们脸上都绽放着兴奋的笑容。

而我在兴奋之余，也对工作坊活动的举办目的陷入了思考：我们要带给体验者的是什么？是按图形切割板框，是搭方型灯笼，还是糊宣纸、画画，还是制作木制灯笼的整个流程？灯笼方框 5 个面嵌套连接的切割图是怎样设计的，却没有让参与工作坊的人经历。而切割图是怎样设计和生成的，恰恰是激光切割技术中的前端，也是最关键的一环。

本着改进工作坊活动的想法，我发起了第二次切割工作坊活动。这一次我要求创客导师须以学徒制的方式带领工作坊参与人一起经历以下过程：

首先，用笔绘画基本模型；

接着，用软件精细设计图形；

最后，亲眼目睹导图导入激光切割机后，将材料变成设计图模样的工件。

这一次工作坊活动，我邀请作为坊主的创客导师，带着参与活动的老师和同学们做了 3 个多小时。大部分时间里，创客导师是在教大家用 CorelDRAW 软件绘制方框两个连接面的榫卯结构。制图完成后，再导入切割软件设置切割参数，最后导入激光切割机进行切割。从制图完成到切割体验，这一过程仅花了大约 15 分钟。

本来，对于工业设计而言，设计建模的确是制造的前端，是最考水平的部分，它要求建模者不仅要有丰富的产品领域设计知识储备，还要具有熟练而精巧的软件绘图能力。这两方面的知识和能力，不花时间动手实操和进行项目设计学习是不可能具备的。而对于中小学师生而言，缺少的恰恰就是时间，无论是课内还是课余时间。如果要求中小学师生用专业级软件来处理精细控制的绘图过程作为激光切割造物教育设计前端的话，将吃力不讨好，事倍功半。

自此之后，我一直关注、寻找能够配合激光切割机使用的简单易用的绘图 / 建模软件，却一直未果，只能暂时用导入图形的方式来制作一些简单的作品，或者做一些切断为目的的切割行为。直到 2018 年 5 月 10 日，看到吴俊杰老师介绍一款免费激光切割建模软件 LaserMaker。

我认为，教育市场需要的激光切割建模软件，应该简单如 Windows 操作系统的绘图软件，让小学生也能体验从制图到切割的学习喜悦。另外，它还应该具备四大功能：基本图形绘制功能、复合图形处理功能、图形导入编辑功能和切割参数设置功能。

这样，绘图软件和切割软件就可以合二为一了，在简化操作技术的同时，简化了操作流程。而 LaserMaker 就是面向中小学师生激光造物、操作简易，同时又能满足以上所说四大功能的软件。

由于 LaserMaker 软件是基于快速原型法的开发模式，边开发边使用的，因而 2018 年整个软件开发，都在使用者的反馈中不断迭代。吴俊杰老师当时是立足于将激光切割机用起来、切割开源积木块的目的对 LaserMaker 的绘图功能进行优化的。我关注到 LaserMaker 从最初的服务开源积木板作品 laserblock 的设计，到红棉创客空间提出的 laserblock 标准版在应用推广上受全国热捧，到后来面向创客竞赛配合激光造物增加功能、服务于制作创意智造装置的外观结构，看到 LaserMaker 的研发团队致力于简化操作步骤，优化建模功能，使软件符合造物的需求，但是一直苦恼于未能形成对激光加工工艺的综合认识。我看着激光切割机使用者分享的作品，不是材料表面的雕刻，就是基本形状物件的切割，均未体现出作品对艺术性、机械结构性的追求，使用者对于激光切

割机的使用，感觉就是杀鸡在用牛刀。

经过几个月的观察，对设计较为敏感的我推断，很多生活中人工制品，木制件、竹制件、亚克力板制件等就是激光切割的产品，或是可以用激光切割技术制作的产品，但为何大多数激光切割机使用者做不出这样的制品？是认识问题，还是技术问题？

于是，我在网上反复查阅激光切割的书籍和论文文献，发现只有关于激光切割技术的原理陈述，没有运用激光切割技术制作的物品设计案例，甚至可以说，激光切割技术生产设计案例，在图书界和论文领域，都是空白。这一发现，令我非常的意外，也非常兴奋。因为，这意为着激光切割应用技术尚未形成成熟的方法论。我征询 LaserMaker 软件开发的技术带头人的意见，他表示自己已经从事激光技术行业 10 年，观察到的情况的确是这样的，业内尚未形成对激光加工工艺的清晰定义，这也是他由工业转入教育领域后困扰他的事情，不知道如何清晰地向老师们介绍激光切割的加工工艺。确认情况后，我立刻做了两个决定：一是做一门教老师们学习激光切割制造技术的面授课程与网络课程，二是写一本关于激光切割设计建模和制作案例的书。

做了这两个决定后，我立刻梳理和明确了切割材料、加工工艺和切割设计效能的要求。随后，我会同高伟光老师设定了平面作品、立体作品两大类型，确定了描线、雕刻和切割 3 种加工工艺。随着后来激光切割网络课程和书稿写作的进一步推进，逐步从技术操作层面归纳为：描线、浅雕刻、深雕刻和切割 4 种工艺，并与 LaserMaker 软件开发者沟通，落实在软件的“加工工艺”的功能设置之中。这个工作让我们异常兴奋，因为，它将开启激光切割教育应用的新阶段，也对 LaserMaker 设计提出了新需求和要求。

随后，在选取设计案例时，我从网络商城上选取了大量的工艺品进行切割可行性分析，研究实用型商品、工艺型商品和文创型商品采用激光切割技术的表现力，高伟光老师开展了切割案例实验的探索。LaserMaker 技术开发团队为简化榫卯设计的绘图过程，甚至开发了盒子一键生成的功能，使参加创客竞赛的学生作品在作品外观的精良度和完整度上大为提升。同时，我也观察到由于 LaserMaker 简易化程度高，素材过于友好，导致学生制品的高度雷同。于是，在 2019 年 7 月，即第二十届全国中小学电脑制作活动创客竞赛之后，我对 LaserMaker 软件的设计提出了优化的要求，包括对图库的内容、范围、类型、菜单的名称，以及菜单逻辑分布的梳理等。

至此，我代表本书所有贡献者们将整个激光切割设计建模软件需求的初心和应用推广的使命陈述完毕。我想阅读此书的朋友们将会从此前言和书中的具体案例中感受到我们所谈的初心和使命：通过简易的软件操作、具体的设计实例，我们希望更多的人懂得如何使用激光切割机，懂得运用激光切割建模技术实现他“设计、绘图、切割”的造物想法。

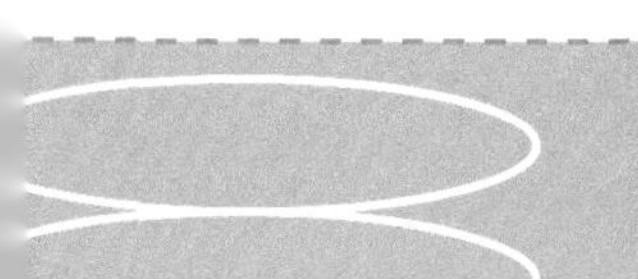

作为作者，我当然希望，这是介绍激光切割应用设计/建模技术的第一本书，它是通过 LaserMaker 建模来承载的。我还希望，介绍激光切割应用设计技术的不止这一本书，还有其他作者关注到这一领域并加入创作。我们团队计划根据不同的造物类型，形成激光切割技术应用的设计系列，包括文创设计、机械结构设计等。我相信，随着激光切割工作坊的应用、推广，会有越来越多的人了解和爱上激光切割，也会有新的、好用的软件诞生。但我仍然希望，大家将注意点放在设计方法上，而非仅仅放在软件的操作步骤上。我相信，推广激光切割应用设计建模方法，将吸引更多具有设计、制作天赋的人才进入激光切割 DIY 设计领域，制作更多令人叹为观止的作品。

本书共分为 5 章。第 1 章介绍激光切割原理和激光切割机，第 2 章介绍激光切割制造流程，第 3 章介绍激光切割软件 LaserMaker 的基本操作方法，第 4 章介绍激光切割的常用材料，第 5 章通过设计、制作实例介绍基于 LaserMaker 的建模方法。

在设计体例上，我也做了充分的考虑，设计了生活应用场景、学习目标、STEAM 分析、制作步骤、作品欣赏等，目的是使学习者获得更好的阅读体验，追求对设计和工程方法的理解。

本书由本人设计总体内容框架、设计写作体例和风格，并主创 5 章内容的撰写，高伟光老师配合案例的技术验证、编写。全书写作历时一年半。感谢我们网上研讨团队的伙伴们，特别是梁志成老师，在我们创作过程中与我一直保持对话，也感谢为激光切割创客教育的普惠进行推广的同行者，他们一直在线上开源社区积极交流与分享。书稿的编写过程，也是我们团队和软件技术开发团队的不断认识迭代的过程，由于时间仓促以及对创新性认识不足等问题，书稿中不可避免地会有各种问题，敬请读者批评指正。

在工业 4.0 时代，在人人是设计师的创客时代，制造不再只是工业化流水线上的批量生产，也是个性化的创造。我们培育的下一代，不仅要具有专业文化知识，还要有社会实践下的情境知识和动手创造能力，这样的图景，让我们相当向往，让我们全心为之努力和奋斗。

不忘初心，牢记使命：

让我们的师生，让更多的人能够享受激光切割设计和造物的快乐！

将想法变成现实，切出创意！

让我们，一起来！

龙丽嫦
2019 年 10 月 20 日凌晨 2 点广州

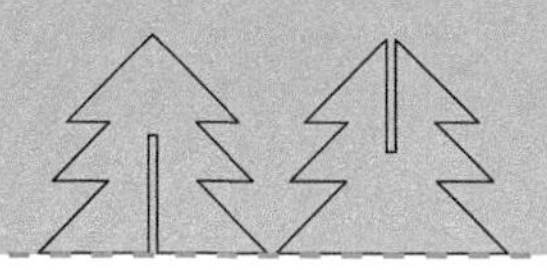

推荐序 1

改革开放 40 年，中国每个家庭都发生了天翻地覆的变化，以前每个家里都有一台缝纫机，都有一个用于敲敲打打的工具箱，甚至很多人有一把电烙铁（用于帮助自己或朋友修修家电），而现在有这些东西的家庭可谓凤毛麟角：这就是商品经济给社会带来的改变，人们倾向于做好自己专业的东西，用收入换取消费品，大部分人不再自己制作日常物品，东西坏了也不会考虑维修，首先想到的是——扔掉，换个新的。这是创客教育自 2013 年以来取得长足发展的一个大的时代背景——中国正在逐渐变成全球最大、最重要的消费市场。

创客运动在其初始阶段似乎是反消费主义文化的，DIY（Do It Yourself）自己做东西本身就是一种快乐，很多爱好者也沉迷于此，由此产生了 DIY 爱好者的圈子。创客运动发自于 DIY，但有两种力量彻底改变了这一切：一种是可编程器物和编程知识的爆发式普及和全球化背景下以众筹为特征的设计与生产、销售的分离。使用开源硬件、利用图形化编程工具或者直接套用别人的代码，我们可以轻易制作计步器、智能手表、会跟你对话的镜子……而各种智能家电都有了各种智能模式，都提供了一些接口，帮助会编程的人来做二次改造（hacking）。另一种是设计的数字化、互联网营销以及跨国代工，让一切物品的生产都像是一本书的出版：围绕着一个创意，大家各取所需，创意的核心作者不需要创办一家公司就可以生产物品。这是一种对生产力的解放，也会一种消费文化的进步。

激光切割机是一种社区生产设备，相比于 3D 打印这种家庭生产设备，它的加工速度刚好可以服务一个社区的居民的个性化造物需求，如果切割材料能够更好地循环使用，那将是一种近乎完美的造物过程。本书是由龙丽嫦老师带领的广州红棉创客导师团队与 LaserMaker 技术开发团队合作探索的成果。我常常去广东，能够深刻地感受到很多广东的老师一提到“红棉”就是一副很敬仰、很向往的表情，事实上即使在全国范围内，“红棉”“红棉团队”也都代表着一种精神，一种区域整体推进、教师团队共同成长、不懈努力、乐于分享的“红棉精神”。本书构建了一个从简单使用软件到制作文创作品，再到进行简单机械设计，最后完成一个综合产品的全过程。它发端于创客教育和创客比赛中对数字化设计和快速造物的要求，但它的未来却远远不止如此。试想当人人都会数字建模，都可以操作激光切割机之后，将是一幅怎样的创意图景。

创客教育是创客运动中教育方向的一种缩影，也是目前素质教育、特别是信息技术

教育发展的今天，培养新时代的劳动者，提升创新和实践能力的一种行之有效的手段。创客教育的发展既在校园里，更在校园外、在社会中、在社区里。在改革开放初期的一段时期里，校办工厂承担着反哺教育投入缺口、落实劳动教育要求的重要作用，有的学校开维修厂，有的开玩具厂，很多校长、老师因地制宜地做事，也从校园这个窗口出发，将改革开放的各种政策向社会渗透，像北京景山学校的印刷厂当年就很有名，我 2007 年刚刚工作的时候还曾经收到过学校印刷厂印制的年历。伴随着商品经济的深入和教育投入的提升，校办工厂似乎也淡出了历史舞台，而现在我们重新思考“德智体美劳”全面发展的育人目标的时候，是不是应该让创造性的劳动成为创客教育的核心？如今，通过方便快捷的激光切割加工，学生设计的个性化作品中的“爆款”可以小批量生产，成为具备市场价值的产品。这让我对“劳动是人的第一需要”有了新的、更深入的理解。

北京景山学校　吴俊杰

2019 年 11 月 5 日于回乡园

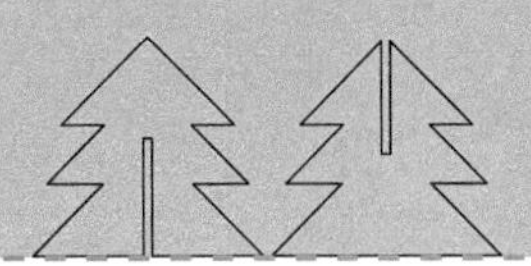

推荐序 2

因为工作的关系，2010 年我曾与激光切割有过一段交集，那年教育部颁布《高中理科教学仪器配备标准》，其中第 7 部分通用技术学科的配备标准中就用到了激光切割机，激光切割机在当时还是新鲜玩意儿。那时我刚接触 Arduino 不久，在开源硬件上面投入了很多时间和精力，一心希望促成开源硬件与通用技术之间的珠联璧合，但“不如意事常八九”，此事未能如愿。直到 2017 年通用技术新课标修订，也没见开源硬件的影子，倒是高中信息技术选择性必修 6 新增了“开源硬件项目设计”课程，阴差阳错，借此把激光切割引入了信息技术课程。

2013 年美国新媒体联盟（New Media Consortium）发布的《地平线报告（基础教育版）》首次把 3D 打印技术列为教育领域未来 4 ~ 5 年内待普及的创新型技术，之后 3D 打印便以其“高”“新”“奇”标志性特征，以这样或者那样的渠道走进了中小学校园，引发了在校园开展 3D 打印教学的风潮。但这件看上去很美的事，在具体教学中却出现了一些问题，如难维护（喷头堵塞）、耗材补充难（学校经费有限）、打印速度慢（往往两节课内都不能打印一份完整作品）等。另外，从育人的角度来看，很多 3D 打印课开成了单调的技艺课，没有渗透模型思想和建模能力。长期以来困惑广大师生的结构设计问题，一直没有很好的解决方案。

2015 年，因为创客教育的关系，我再次关注到激光切割机。创客教育探索创客文化与教育的结合，基于学生兴趣，以项目学习的方式，使用数字化工具，倡导造物，鼓励分享，培养跨学科解决问题能力、团队协作能力和创新能力。创客教育强调“造物”，倡导以数字化制造的方式“造物”，而激光切割机素有“造物利器”之称，又能弥补 3D 打印的诸多不足，算是两情相悦。

2017 年《普通高中信息技术课程标准（2017 年版）》发布，拉开了普通高中课程改革的序幕，其中“开源硬件项目设计”和“三维设计与创意”两个选择性必修模块跟激光切割关系密切。随后，多个版本的《开源硬件项目设计》和《三维设计与创意》教材都选择了激光切割机作为项目教学工具，激光切割正式进入国家课程体系，给激光切割带来了新的机遇。

从创客教育发展的经验来看，事物发展的决定因素还是人，具体到当前的基础教育领域来看，这个关键因素就是优秀教师。2018 年，北京景山学校吴俊杰老师以中国电子学会现代教育技术分会创客教育专业委员会的名义发起并推出“乐造计划”公益活动，

首批 2000 套开源结构件乐造模块（Laserblock）免费申领活动圆满成功，在创客教育圈引起热烈反响，受到老师、家长的广泛好评，并涌现了以李小娜、马锋、高伟光、陈付军等老师为代表的乐造模块优秀课程开发先行者，为激光切割作品实践研究的传播起到积极的作用。

激光切割在基础教育领域的推广过程中，激光切割设计软件 LaserMaker 功不可没。2010 年配备的那批机器长期“吃灰”的一个重要原因，就是没有一款符合教育需求的应用软件。LaserMaker 作为一款真正为创客教育“造物”而研发的激光绘图建模软件，不仅仅是一款易用的绘图软件，还将激光加工工艺与模拟造物融为一体，便于师生快速建模，还能让使用者加深对激光加工工艺和加工原理的认识。正是 LaserMaker 这款软件，让创新、创造成为中小学项目教学的常态。

龙丽嫦等老师创办的广州市电化教育馆“广州教育创客空间”（后更名为“红棉创客空间”）是创客教育的重要阵地之一，它传播创客文化，培养创客老师。2020 年出版的《校园创客活动与创客空间建设》就选录了红棉创客空间的师资培训方案。龙丽嫦老师是最早使用 LaserMaker 开展激光造物的先行者之一，同时也是“乐造计划”的联合发起人，长期依托红棉创客空间的平台，举办多次以激光切割为主题的工作坊活动、主题分享、技术培训等，为中小学一线老师认识激光切割、数字化造物和创客教育提供情景学习和实操性培训。

本书是龙丽嫦、高伟光等创客教师从事激光切割应用实践和开展创客师资培训的研究发现。本书的吸引力，不仅在于它介绍了利于 LaserMaker 软件快速造物的步骤，更在于它是国内第一本从实践层面阐述激光切割制造 DIY 作品流程、制造材料、制作工艺和建模方法的书，同时，书中精选的很多案例具有普遍性，还渗透了设计思维、计算思维、工程思维的培养，非常适合计划开展激光切割教与学的一线教师与学生阅读，也适合激光切割制造的兴趣爱好者学习。LaserMaker 软件配合此书的理论和方法进行自身的迭代完善，会带来更好的操作体验。希望本书的出版，能带领激光切割走向更精彩的未来。

教育部教育装备研究与发展中心　梁森山
2020 年 4 月 8 日

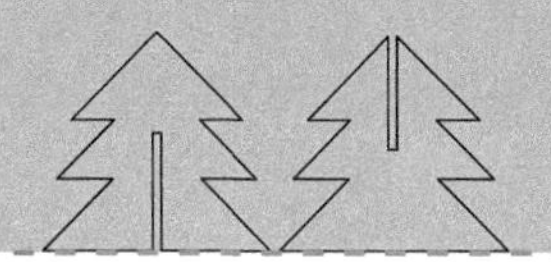

推荐序 3

我刚认识龙丽嫦的时候，她还是广州市白云区的一位高中计算机教师。

当时，她被借调到白云教育信息中心工作，在教师信息技术创新应用方面，我们一起做了许多有意思的事情。后来，她在华南师范大学在职攻读现代教育技术教育硕士学位，我成了她的学位论文指导教师。在她的学位论文中，她把自己在白云区所开展的许多创造性工作和自己的研究结合起来，完成了一篇出色的学位论文，获得了教育硕士学位。

我很欣赏丽嫦的“倔强”。那是一种难得的、对事业的执着，只要是她认准的事情，她一定会尽全力为之奋斗。也许，正是因为她的执着和持之以恒的学习，在教师专业发展和信息技术教育应用领域，丽嫦获得了显著的成绩，在毕业之后，不仅先后出版了两本深受一线教师喜爱的著作，晋升了职称，而且也调动到了广州市电化教育馆工作。要知道，这一切，对于一位扎根一线的教育工作者来说，实在是太不容易了。

到广州市电化教育馆工作之前，龙丽嫦老师带领和团结市内一些技术派教师和创新型教师，在领导的鼓励和支持下，从零开始，选设备、买器件、开展工作坊，发起并创建了“广州教育创客空间”（后更名为“红棉创客空间”），培育和团结了一大批创客骨干教师。到广州市电化教育馆工作之后，龙丽嫦在馆领导的高度重视和大力支持下，搭平台、搞设计、做实验、开培训、磨课例、研教法，面向全市开展中小学创客种子教师培训、送课到校，利用“互联网 +”连接创客圈、创客教育圈开展线上主题分享等活动，一时声名鹊起，成为国内创客教育和 STEM/STEAM 教育领域的一支重要力量。在这个过程中，她和团队成员接待了来自海内外许多创客教育工作者的参访交流，也应中央电教馆等单位的邀请对国内中小学创客教师进行了一系列的培训，对国内创客教育生态培育和创客师资实训发挥了重要作用。

而奉献在读者面前的这本书，或多或少地展现了过去几年间，丽嫦和伙伴们在广州市电化教育馆领导的鼎力支持下，执着探索，不断总结，在信息技术与学科教学融合创新的实践性田野中，持之以恒所取得的成果。据丽嫦介绍，目前，国内关于激光切割工艺实践教育应用的著作尚不多见，而她和她的团队能够开拓出一片新的疆土，不可不谓之有勇有能、可喜可贺。

这几年，在创客教育领域，设备、工具和套件一直是深受相关企业和学校关注的重点。子曰：“工欲善其事，必先利其器。”激光切割机与 3D 打印机以及其他相关工具一样，是“器”。在中小学校园创客、创新工作室科技制作加工零件等环节，激光切割机和 3D

打印机一样发挥着重要作用。

在过去一些年中，国内中小学创客教育取得了显著成绩，也暴露出不少问题。一些学校盲目跟风赶潮流，“奢华”装修创客空间，仿佛创客教育唯有依靠“高大上”的、昂贵的设备才能实现。其实，无论多么高级的 3D 打印机、激光切割机、无人机，它们都只是教育的工具，是教师通过自己的创造性劳动来培养学生的媒介。这些设备是教师用的工具，也是学生在教师的指导下用的工具。教师精心设计学习活动，在项目中，让学生合作和协作，在做中学，才能真正体现陶行知先生所倡导的“教学做合一”的精神。

开源硬件等电子元器件的“搭建”、3D 打印中的“打印”、激光切割机中的“切割”，都是学校创客教学中的常见的“做”的活动的一部分。学生在教师的指导下，在“做”之前，需要先有“创意”，要“设计”，基于真实问题，要经历创意、构思、设计、建模、原型开发。这一系列的创造活动，使得学生以一种真实、协作式、跨学科、习得可迁移的方式，高效学习。

创客教育的开拓者之一、麻省理工学院媒体实验室学习研究教授米切尔·雷斯尼克曾说过：“创客运动不仅是技术和经济上的运动，而且有成为一种学习与运动的潜力，能为人们提供体验和参与创造性学习的新途径，当人们制作和创造时，他们就有机会发展成为创造型思考者。毕竟，创造是创造力的根源。”

从本书中可以看出，龙丽嫦及其合作团队，从激光切割工艺入手，将其与建模软件 LaserMaker 的开发设计、优化、使用整合关联在一起，注重作品制造工艺、材料、结构等方面的项目分析和思维导引，让学习者从一个作品的制造悟到一类作品的制造，既让学习者体验到切割制造的乐趣，又能够掌握从实物设计、图形建模到切割调试的整个过程。本书的案例设计精巧，可供一线教师在实际教学中加以应用。

我喜欢这本书，我也希望你能喜欢这本书。

华南师范大学教授　焦建利

2020 年 4 月 13 日

目　录

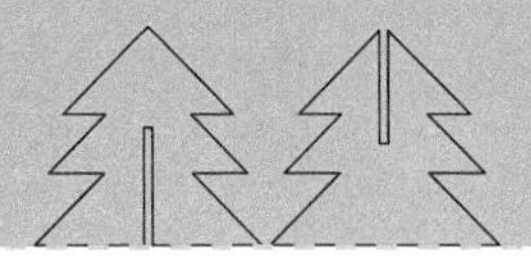

第 1 章　走近激光切割

要不是创客运动、创客教育，我们从未想过能够如此亲密接触激光切割机。闻着木头灼烧后发出的气味，把玩着刚烧蚀完成的器物，我们从未感受到如此接近过这个物质的世界。万物皆可造，激光切割造物刷新了我们对生产的认知。在本章，我们需要对激光和激光切割机建立一个基本的认识。

1.1 认识神奇光束——激光

光，是卫士，驱走黑暗，给我们带来光明和希望；
光，是利器，开天辟地，给我们带来粮食与器物。

1.1.1 什么是激光

1. 各种各样的光

太阳以电磁波的形式向外传输能量，太阳电磁波按照不同的波长可以分为可见光和不可见光。如图 1.1 所示，可见光波长范围在 0.4 ~ 0.75 μm，分为红、橙、黄、绿、蓝、靛、紫 7 种颜色，也就是彩虹的颜色。波长在可见光波长范围外的光统称为不可见光。

可见光包含的 7 种颜色，在日常生活中对人的心理和生理都有不同的影响和作用。首先，不同的颜色会对人的感官和心理带来不同的影响。比如，红色通常给人带来刺激、热情、积极、奔放和力量的感觉；蓝色则让人感到悠远、宁静、空虚等感觉。其次，色彩对人的生理也会产生不同的影响。有研究发现：在红光的照射下，人的脑电波和皮肤电活动都会发生改变。因此，营造不同的颜色环境，能够对人类产生不同的作用。

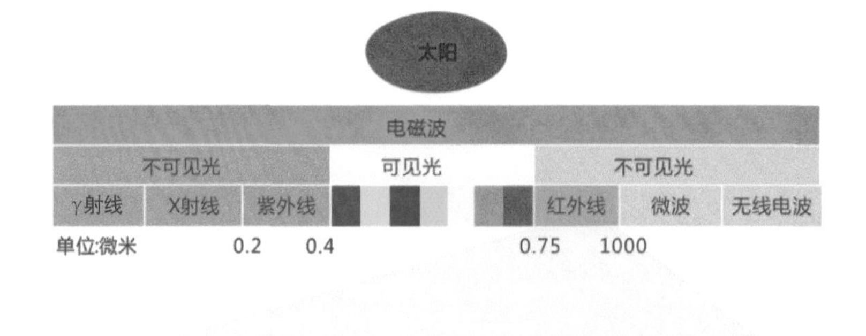

图1.1 电磁波分类

不可见光包括 γ 射线、X 射线、紫外线、红外线、微波和无线电波，每一种不可见光对人类都起到不同的作用并有着不同的意义。红外线被人类广泛地应用于军事勘察、医学理疗、电器遥控以及加热物品等；紫外线具有灭菌以及保健的作用；微波最重要的

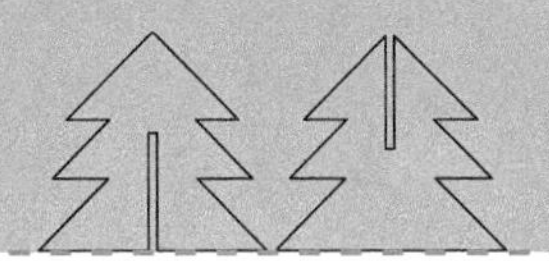

应用是雷达和通信，生活中的微波炉也用到了它；无线电波主要用来传递信息，应用于无线数据网、各种移动通信以及无线电广播等；X 射线用于医学诊断和治疗；γ 射线具备“绿色透视力”，被广泛地应用于安检领域和医学成像领域。

2．激光

激光一词是 Laser 的意译，是 Light Amplification by Stimulated Emission of Radiation 首字母的缩写，意思是“通过受激辐射光扩大”。1916 年，物理学家爱因斯坦研究并提出光学感应吸收和感应发射（又称受激吸收和受激发射）的观点，这一观点后来成为激光器的主要物理基础。

世界上第一台激光器于 1960 年由美国科学家西奥多·梅曼在加利福尼亚休斯实验室研制成功。激光在中国曾被译为镭射、光激射器、光受激辐射放大器等。1964 年，第三届光量子放大器学术会议讨论后，决定采纳钱学森院士将其翻译为“激光”的建议。激光这个译名，既能反映受激辐射的科学内涵，又能表明它是一种很强烈的新光源，因此从那时起被认同并一直沿用至今。

激光的波长和普通光的波长一样，激光呈现的颜色取决于激光的波长，而波长取决于发出激光的活性物质，即受激后能产生激光的那种材料。受激材料有固体、半导体、气体等。例如，红宝石受激就能产生红色的激光束；氩气受激能够产生蓝绿色的激光束；半导体受激能够发出红外激光，肉眼看不见；CO_2 受激能够发出波长为 10.6 μm 的激光，肉眼也不可见，等等。

1.1.2 激光与普通光源的区别

激光是高能量的光束集合，被称为最快的刀、最准的尺、最亮的光。激光与普通光源相比，具有四大特性。

（1）高方向性：这是指光束的发散角小，即激光的定向性极高，而普通光源向四面八方发光。如图 1.2 所示，手电筒的灯泡发出来的光线向四周发射。要让发射的光朝一个方向传播，需要给光源装上一定的聚光装置。例如，汽车的前灯和探照灯都安装了有聚光作用的凹面镜和凸透镜，使光线汇集起来，向一个方向射出。

（2）高亮度：光源的亮度是指发光单位在给定方向单位立体角范围内的光功率。在发明激光前，人工光源中高压脉冲氙灯的亮度最高，与太阳的亮度不相上下，而激光的亮度远高于太阳的亮度，例如，红宝石激光器的激光亮度，约为太阳光亮度的 100 亿倍。

（3）高单色性：由于激光器输出的光，波长分布范围非常窄，因此颜色极纯。例如，氦氖激光器发射的红色激光波长分布范围为 μm 级别，是氪灯发射的红光波长分布范围的万分之二。由此可见，激光器的单色性远远超过任何一种单色光源。

（4）高相干性：这是指光波各个部分的相位关系。由于激光具有高方向性和高单色性，光束在传播过程中与各点必然形成稳定的相位关系，形成稳定的干涉条纹。

激光具有以上四大特点使得它能够精确地集中到焦点，得到很高的功率密度，比一

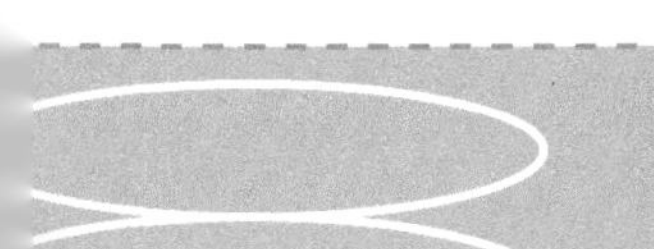

般的切割热源高几个数量级。激光加工带来了传统加工所不具备的高能品质，所以得到广泛应用，其中，材料加工就是其一个重要的应用领域。

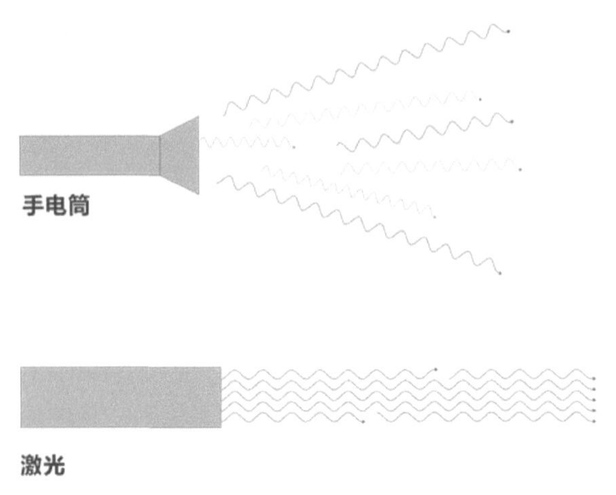

图1.2　普通光源与激光的发散角区别

1.1.3　激光切割的原理

在日常生活中，我们可以依照透镜对光有汇聚作用的原理，借助高倍率放大镜将日光聚焦到一个点而形成局部高温，所形成的高温能点燃纸张、树叶甚至木片。激光切割也利用了类似的原理，如图 1.3 所示。电源带动激光管发射的高度平行的激光，经过反光镜多次反射后被传输到激光头，然后激光被激光头上安装的聚焦镜汇聚到一点，并形成很高的温度，能将材料瞬间升华为气体形成切缝，最终达到切割、刻蚀的目的。

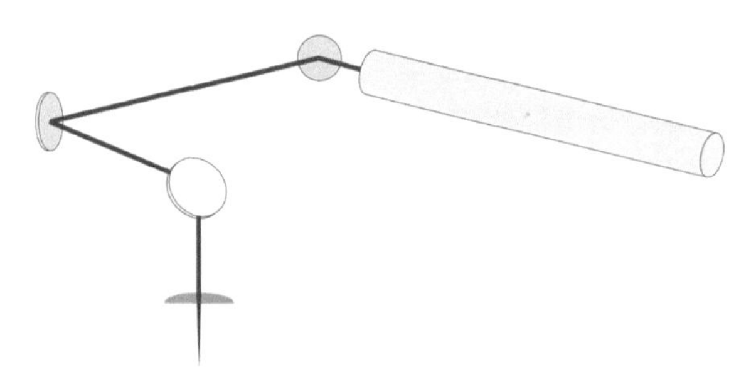

图1.3　激光切割的原理

1.1.4　激光的应用领域

自 1960 年世界上第一台红宝石激光器被研制成功以来，激光科学和技术开始迅速发展，形成切割、焊接、表面处理、打孔、微加工等多个应用技术领域。凭借激光技术的特

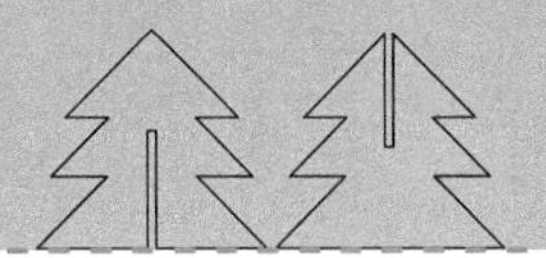

性，激光器的应用越来越广泛。

激光技术在日常生活中的应用：激光打印、激光切割、舞台灯光及激光打标等。

激光技术在医疗领域的应用：激光在手术治疗时可精确地选择病变部位进行治疗，解决了许多传统医学的难题。

激光技术在工业领域的应用：激光与计算机数控技术相结合，可构成高效的自动化加工设备，广泛应用于汽车、电子、电器、航空、冶金、机械制造等行业。

激光技术在军事上的应用：包括激光雷达、激光通信等。

激光加工作为先进制造技术应用于多种领域，不仅提高了产品质量和劳动生产率，还在减少材料消耗、保护环境等方面起着越来越重要的作用。

其中，激光切割是激光技术在制造领域的一种重要应用。

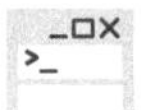

1.2 认识制造“神器”：激光切割机

内得于心，外应于器。工业化时代让我们重新认识和定位蓝领。从理论知识到实践技能，制造大国呼唤工匠精神。

1.2.1 激光切割机的类型

激光切割机是利用激光来将材料加工成所需形状工件的高科技生产设备，在计算机的控制下，通过脉冲使激光器放电，输出受控的、重复的、高频率的脉冲激光，形成一定频率、一定脉宽的激光束。该激光束经光路系统，聚焦成高功率密度的激光束，照射到材料表面，使其达到熔点或升华点，同时与光束同轴的高压气体将熔化或汽化材料吹走。随着光束相对于材料移动，最终在材料上形成切缝，从而达到切割的目的。

激光切割机的种类有很多，按照分类方式的不同，有以下类型。

- 按激光切割机体积大小不同可分为大型激光切割机、台式激光切割机和桌面型激光切割机。
- 按激光器技术不同可分为 YAG 激光切割机（晶体激光切割机）、光纤激光切割机、CO_2 激光切割机等。
- 按切割材料不同可分为金属激光切割机和非金属激光切割机。
- 按使用领域不同可分为工业用激光切割机和教育用激光切割机等。

CO_2 激光切割机采用二氧化碳作为主要工作物质，有很多优点，包括输出功率大、输出的光束质量好、工作稳定等，最重要的是 CO_2 激光切割机在非金属材料（比如木材、亚克力板、皮革等）的切割上具有巨大的优势，因而教育用激光切割机大多为 CO_2 激光切割机。图 1.4 所示为国内较早应用于教育的激光切割机。

图1.4　教育用激光切割机

在过去的 20 年里，工业用激光切割机主要在工厂、广告制作公司等场所发挥其切割制造的效能。随着近些年创客教育热潮在我国的兴起，激光切割机开始出现在校园创客空间、教育培训创客空间等各类教育创客空间中，教育用激光切割机在这两年得到快速普及与应用推广。

教育用激光切割机与工业用激光切割机的主要区别有以下 3 个方面。

（1）切割功率：用于切割金属材料的工业用激光切割机，功率通常是 500W 到几万瓦不等；用于切割非金属材料的工业用激光切割机，功率通常是几十瓦到 300W 不等；而教育用激光切割机的功率在 150W 以下，主要适用于切割木头、亚克力板等材料，适用于师生 DIY 制造。

（2）切割作业的安全保护：考虑到中小学生使用机器的安全问题，教育用激光切割机在安全保护上做了充分处理。一是切割时，揭开仓门盖机器即停止作业，以免学生大意或误操作受到伤害；二是机器内设有温度探测器，当机器内部温度达到 55℃时，机器将停止工作并发出警告声。

（3）激光切割建模软件的易用性：工业用激光切割机使用的建模软件较为专业，有一定的技术门槛，对于大众，特别是中小学生来说，学习起来有难度。而教育用激光切割机采用普及型软件，提升了切割建模的易用性，从而增强了中小学生等普通大众激光切割机的接受程度。

1.2.2　激光切割机的基本构成

激光切割机是集机、光、电于一体的自动化设备，整个系统主要由机床主机（机械部分）、光路系统（激光器 + 光路）、数控系统（电气控制部分）这三大部分组成，此外还有冷水机、气泵、抽风机等辅助配套设备。

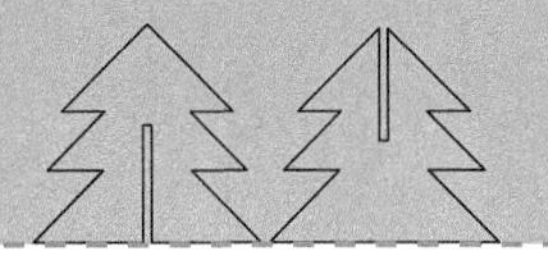

1．机床主机

机床主机包含实现 x、y、z 轴运动的机械部分（由机壳、导轨、丝杆等组成）和用于放置被加工对象的加工平台（常见的有切割薄料用的蜂窝板加工平台和降低反射率的铝刀条加工平台）。

2．光路系统

激光器是产生激光光源的装置，是激光切割机的核心部件，一般安装在激光切割机的后部。激光器的安装和更换一般需要由专业人员来操作。

一台激光切割机的激光光路通常由若干个反射镜和一个聚焦透镜组成。反射镜将来自激光器的光束多次反射后，让其射入激光头。光束透过激光头内部的聚焦透镜后进一步聚焦成更高密度的细小光斑，最后再作用于被加工对象上。

3．数控系统

数控系统由主板和控制面板两部分组成。

主板用于控制机床 x、y、z 轴的运动轨迹和激光器的输出功率。控制面板可直接控制工作平台的升降，实现对焦、移动激光头、设置切割起始点、改变工作速度、调整功率大小等基本功能，还可以直接预览加工对象的工作路径，甚至可以预估工件需要的加工时间。

4．辅助配套设备

（1）冷水机：用于冷却激光器，把多余的热量带走，以保持激光器正常工作。

（2）气泵：供给激光加工时用的辅助气体，主要用途是防止被加工材料燃烧，以及带走加工时产生的烟雾，减轻切割面的碳化现象，同时防止烟雾污染聚焦镜。

（3）抽风机：抽除加工时产生的烟尘和粉尘。

1.2.3　激光切割机的操作方法

目前教育用激光切割机的品牌尚不多，不同品牌的产品的使用方法和性能也会有差异，但是机器的操作流程一般按表 1.1 所示的步骤进行。

表 1.1　激光切割机的操作流程

操作步骤	注意事项
1. 开启外部设备（冷水机、抽风机、气泵等）	（1）确保冷水机的水位保持在正常范围内；（2）确保抽风机风口顺畅无堵塞；（3）确保气泵气量正常
2. 开启激光切割机	（1）旋转保护钥匙至“开启”处（注：并非每款机型都设计有保护钥匙开关）；（2）打开总电源；（3）打开激光器电源

续表

操作步骤	注意事项
3. 传输设计图至激光切割机	（1）检查计算机设备与激光切割机是否连接成功；（2）检查设计图的参数设置是否正确
4. 将材料放置到激光切割机加工平台上	（1）确保加工材料平整；（2）确保焦距正确
5. 关闭激光切割机上盖	激光切割机最好有“开盖即停”保护功能，避免开盖加工产生危险
6. 设定加工起点，确认加工范围	确保加工范围在材料之内
7. 开始加工	（1）在加工过程中必须有人员在旁边观察加工情况，确保机器正常运作及加工安全；（2）最好选择配有“紧急停止”功能的激光切割机，如遇危险，立即按下“紧急停止”按钮
8. 关闭激光切割机	（1）关闭激光器电源；（2）关闭总电源；（3）旋转保护钥匙至“关闭”处并拔走保护钥匙

1.2.4 激光切割机的工业应用

激光切割技术在激光加工领域的应用非常广泛，约占整个材料激光加工应用的70%，激光切割具备精密制造、异形加工、柔性切割、一次成型、速度快、效率高等优点，所以在工业生产中解决了许多常规方法无法解决的难题，激光切割机的出现对工业的发展具有划时代的意义。

激光能切割大多数金属材料和非金属材料，在电气制造业，主要用于钣金加工等；在运输机械行业，主要用于输送机械、搬运车辆、装卸机械的制造；在石油化工行业，主要用于切割石油筛缝管；在汽车制造业，主要用于切割形状复杂的车身薄板以及各种曲面件等，包括平面切割、三维切割；在工程机械制造业，主要用于机械结构件的加工；在医疗器械业：主要用于医疗机械的制造，可以满足医疗机械精密度、安全性、光洁度等方面的要求；在装饰行业中，主要用于切割各种公共休闲场所的装饰，如厅堂墙装饰、广告招牌等；在包装业中，主要用于加工各种形状、不同大小的包装盒等。

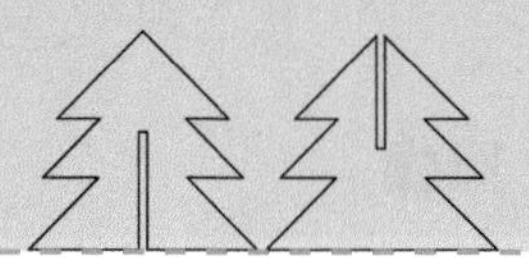

第 2 章　认识激光切割产品制造

数控制造设备（例如激光切割机、3D 打印机、CNC 机床）使用成本低且品类丰富，降低了 DIY 产品的成本和风险，降低了个人制造产品、进行创业的门槛。我们进入了“个人设计和生产产品的时代”，可以把自己的优秀创意转变为有品质的实物，制造成本也不高。更令人兴奋的是，个人设计与制作的产品也是国家甚至世界制造业的一部分。在本章，我们需要对激光切割产品制造建立一些基本认识。

2.1 认识激光切割设备：工业方向和 DIY 创意方向

工业设计的经验让我们知道真实世界的复杂性：成本和时间都非常关键。到工厂看一看，你会明白现实中的产品是如何生产的。我们曾憧憬个人专属产品制造时代的到来，在新技术、新设备的驱动下，这一天真的来临了。

创客空间是交流、分享创意和创客造物的空间，是线上、线下融合的实践场。创客空间里有大大小小各种加工工具，包括传统的五金工具和现代化的数控设备。这些工具可以帮助创客们对不同的材料进行加工处理，将想法进行反复实验，以期实现创意。美工刀、打孔器、螺丝刀等都是我们手工制作中常见、常用的小工具，在基本使用方法上我们可能掌握得很好，但在具体创作技艺上就要专门学习了。创客空间里还有基于 DIY 制造实验室理念配备的 3D 打印机、激光切割机，在名称上可能大家已不陌生了，都说它们是“制造神器”，但购买它们，绝不是追个潮流、赶个时髦，而是出于学习设计、制造的实践需要。

虽然激光切割机等设备对于创客来说是新工具，但实际上它已经在工业领域经历过多年的实践。

2.1.1 引入创客教育的制造设备

激光切割机、3D 打印机、CNC 雕刻机等是既能在现代工业制造领域发挥作用，又能引入教育行业进行 DIY 制造的设备。

1. 激光切割机

激光切割机在制造技术上属于减材制造设备。激光切割机在工业领域的应用已在上一节中介绍，在创客教育领域的应用时间尚短，但在切割创客作品结构件、物理教学教具、积木件以及文创作品等方面的应用正不断被挖掘。

2. 3D 打印机

在创客实践中，3D 打印机也扮演着重要的角色。通过三维建模软件设计出想要的模型，再通过 3D 打印机打印出看得见、摸得到的实物，这个过程确实非常神奇。

3D 打印属于增材制造范畴，它是一种数据驱动的全新制造方式。我们将 3D 数字模型经过处理后得到的 G-code 输入 3D 打印机，然后打印机将特定材料逐层叠加，最终制造出实体物品，这个过程有点像冷饮店里用机器制作蛋筒冰激凌。

3D 打印机的主要成型方式有熔融沉积、光固化、激光烧结、层叠实体制造等。如果

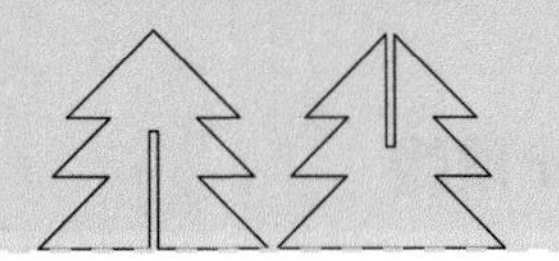

按成型工艺划分，3D 打印机的类型如表 2.1 所示。

表 2.1 3D 打印机的类型

类型	原理	主要材料	优点	缺点	其他
FDM	熔融沉积成型	ABS 和 PLA 等	成本低、可选材料种类多，原材料以卷轴丝的形式提供，易于搬运和快速更换。作品翘曲变形小	精度不高，打印速度慢，细节处理过于粗糙，需要设计和制作支撑结构	日常所见到的 3D 打印机大都是 FDM 型
SLA	光固化成型	光敏树脂	精度高、表面质量好、加工速度快、生产周期相对较短，可制作十分复杂的模型	价格稍贵、尺寸稳定性差、液态树脂具有气味和毒性	这是最早出现的快速成型工艺，光固化成型是目前研究得最多的 3D 打印方法，也是技术上最为成熟的方法
DLP	光固化成型	光敏树脂	成型速度快、精度高、造价低	需要设计支撑结构，成型后强度、刚度、耐热性都有限，不利于长时间保存，抗腐蚀能力不强	DLP 与 SLA 成型技术有着异曲同工之妙，但是 DLP 技术主要利用 DLP 投影，投影过程中将整个面的激光聚焦到 3D 打印材料表面，打印速度更快
3DP	三维粉末粘接	粉末材料（陶瓷粉末、金属粉末、塑料粉末）	成型速度快，可打印彩色原型，不需要支撑结构	价格昂贵，只能做概念性模型，不能做功能性测试	多用于工业生产
SLS	选择性激光烧结	粉末材料	可采用多种材料，材料利用率高，不需要支撑结构，能生产较硬的模具	原型结构疏松、易变形、表面粗糙，需要预热和冷却，处理麻烦，打印过程中会产生有毒气体及粉末	多用于工业生产
LOM	层叠实体制造	纸、金属膜、塑料薄膜	成型速度快、精度高，原材料便宜，无须固化处理	不能直接制作塑料原型，成型后要做表面防潮处理，难易构建精细、多曲面的零件	材料范围窄

图 2.1 所示分别为 FDM、SLA 两种工艺的 3D 打印机的工作原理。FDM 打印机使用“熔融沉积”技术，加热打印材料，然后在喷头挤出，层层堆积成形；SLA 打印机使用“立体光固化成型”技术，通过激光束在液态光固化树脂表面选择性地进行固化，一层层打印，直到模型打印完成。

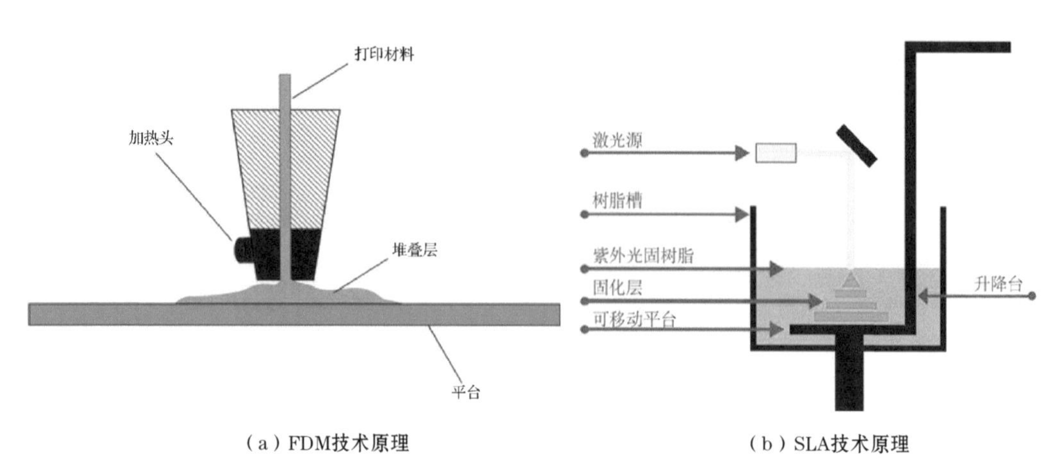

（a）FDM技术原理　　（b）SLA技术原理

图2.1　FDM和SLA工艺的3D打印机工作原理

如果按照应用领域划分，3D 打印机可分为工业级 3D 打印机和消费级 3D 打印机。工业级 3D 打印机主要用于制造业的原型制造和小批量生产，特点是技术含量高、打印体积大、制造精度高、设备和材料的价格也比较昂贵。工业级 3D 打印机广泛应用于航空航天、高端制造、医疗卫生、建筑工程等领域。消费级 3D 打印机面向个人消费市场，其特点是设备和材料价格便宜、使用简便，适合个人或者小型企业使用。这类 3D 打印机的成型体积要比工业级的小很多，打印质量和材料也相对较差，但作为一种创意工具，消费级 3D 打印机以其较高的性价比受到大众的欢迎，在教育科研、文化创意、初创研发、个人 DIY 等领域得到较好的普及。

3. CNC 雕刻机

CNC（Computer Numerical Control）是计算机数字控制的英文缩写，是利用数字化信息对机械运动及加工过程进行控制的一种技术。数控机床（CNC 机床）是数字控制机床的简称，是一种装有程序控制系统的自动化机床，控制系统能够处理控制编码或程序，并将其译码，从而控制机床加工零件。

CNC 雕刻机又称为数控雕刻机，也是一种精密的数控设备，能在各种平面材质上进行切割、二维雕刻和三维雕刻，如图 2.2 所示。CNC 雕刻机的主要应用行业有：木工行业，例如雕刻橱柜门、工艺木门等家具；模具行业，例如雕刻浮雕；广告雕刻行业，例如制作广告标牌、大字、水晶板、霓虹灯槽等；石材雕刻行业，例如雕刻墓碑、里程碑、瓷砖等；工艺品行业，例如在木材、竹、水晶等材料上雕刻各种精美图案和文字。

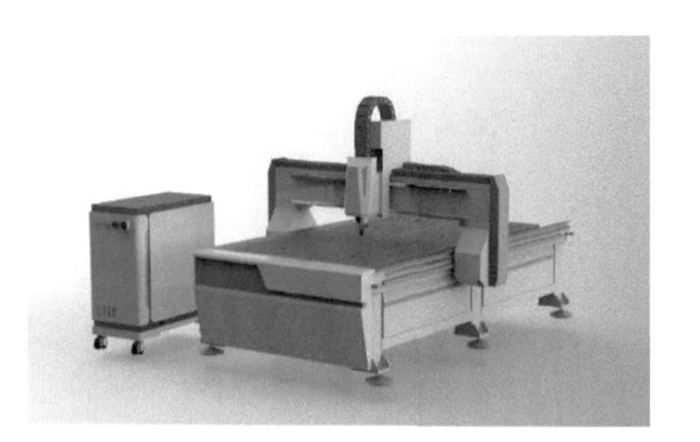

图2.2　CNC雕刻机

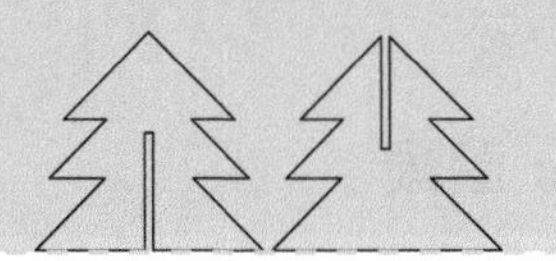

CNC 雕刻机也有很多缺点，例如很多机器没有仓门，操作危险系数比较高；雕刻、切割过程中产生很多粉末，对人体和环境有危害；操作难度大，需要专业人员操作。

4．万能打印机

图2.3　万能打印机

万能打印机也叫平板喷墨打印机、皮革彩印机、陶瓷印花机等。它是由平板喷墨打印机、墨水、涂层和控制软件四大部分组成的数字印刷体系，如图 2.3 所示。其打印原理是利用各种数字化手段，使用设计软件编辑出所需要的图案，再通过控制软件控制打印机，将染料 / 颜料墨水直接喷印到各种材质上，从而获得印有高精度图案的产品，创造出比传统方式更高的印刷质量，满足各行业高强度批量生产的要求。它被广泛应用于定制印刷。

总体来说，万能打印机具有三大优势：（1）万能打印机可以喷印在不同承印介质上，如硅胶、塑料、金属、木材、玻璃、水晶、石材、皮革、亚克力、PVC、ABS、布料等；（2）印刷步骤简单；（3）万能打印机适合单件和小批量生产，是数字印刷迈向个性化服务发展的里程碑。万能打印机也有一些缺点，如价格比较贵、耗材费用较高、不能打印深色材料等。

5．数控刻字机

数控刻字机（简称刻字机）是一种应用于广告业的数控电子设备，如图 2.4 所示，主要用途是刻不干胶字。其工作原理是接收用户通过计算机发出的指令，利用自带刀具，按计算机应用程序设计的文字或图案在柔性介质（如纸张、PVC 膜、塑料薄膜等）上切割。刻字机的价格非常便宜，但是可用的材料范围比较小。

图2.4　刻字机

2.1.2　激光切割机与3D打印机的优缺点

激光切割机与 3D 打印机在工业制造中都有广泛应用。激光加工技术和 3D 打印技术各有优势，既有相似性，也有差异性。这两种先进的制造技术，依托数字化控制的精确性与可重复性，可以提高生产效率、提升产品质量、降低生产成本、实现经济效益。

激光切割机具有诸多优点：（1）用途广泛，激光切割机既可用于雕刻，也可用于切割，辅助用户实现预设效果；（2）加工材料适用性广，激光切割机能够加工的材料包括木材、亚克力、陶瓷、竹、布料、纸张等；（3）加工精度高，加工幅面大，激光切割机

的这个特性便于一次复制多个零件或加工大尺寸零件，加工效率高，适合大规模生产。当然，激光切割机也存在缺点，就是只能加工平面的产品。如果要制作三维作品，就需要将三维模型转化为合适的二维图形，加工后组装为成品。

3D 打印机的优点，则聚焦于对复杂三维几何结构的精确表现力上，它常被用于产品打样、小批量产品试产，以及传统加工工艺难以实现的或很难成型的复杂零件的加工。随着设备的小型化、桌面化，3D 打印机逐步应用于需要摆脱时间和空间限制的分布式、移动式打印领域，例如空间站上的零件加工以及军事装备的应急维修保障。但由于 3D 打印机加工速度慢、材料成本较高，且每种机型可加工的材料相对单一，因而它的应用场景也大大受限。

当前，激光切割机和 3D 打印机之所以能广泛进入普通民众视野，是因为作为两种数字化桌面制造工具，它们在 DIY 产品制造时代具有独特的优势。首先是设备价格亲民，家庭、社区或小作坊都买得起，让民众有机会体验在家就能造物的乐趣。并且随着全球创客运动热潮，两种机器逐步成为创客工坊中必备的工具。如前所述，激光切割机和 3D 打印机具有不同的应用场景和优缺点，使用哪种机器需要看具体的用途。当然，两种机器结合使用，各取所长，可以发挥更好的效果。

2.2 认识产品设计：工业设计和 DIY 制造

最好的产品并不一定能成功，出色的技术或许数十年后才能被人们接受。了解产品，仅仅了解设计或技术是不够的，在很多人的印象里，制造产品，通常需要很大的设备和专门的机器。如今，个人制造工具的廉价趋势，让越来越多人将目光投向“新兴制造业”。把创意变成实物的魅力，让我们走进了每一个人都可能是设计师和制造师的时代。

2.2.1 工业（产品）设计

1. 工业设计

工业设计简称 ID（Industrial Design），是指以工学、美学、经济学为基础对工业产品进行的设计。

广义的工业设计，是指为了达到某一特定目的，从构思到建立一个切实可行的实施方案，并且用明确的手段表示出来的系列行为。它包含一切使用现代化手段进行生产和服务的设计过程。

狭义的工业设计，单指产品设计，即针对人与自然的关系产生的对工具装备的需求

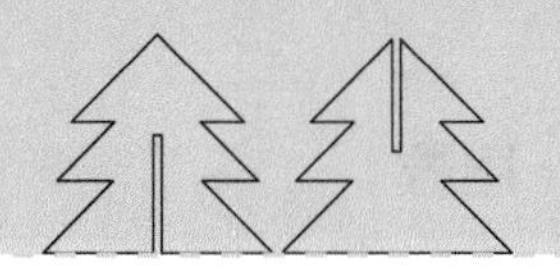

所做的响应，包括为了使生存与生活得以维持与发展所需的诸如工具、器械与产品等装备所进行的设计。产品设计的核心是要使产品对使用者的身心具有良好的亲和性与匹配性。

狭义的工业设计的定义与传统工业设计的定义是一致的。由于工业设计自产生以来始终是以产品设计为主的，因此产品设计常常被称为工业设计。

2．产品设计

真正做市场的产品设计，要做产品研究和设计研究。产品研究包括产品本身的研究、市场研究和用户研究。产品本身的研究，一是对产品产业的发展、品牌、科技、生产的研究；二是对产品本体造型特征、功能、色彩等的研究；三是对产品生命周期、产品市场创新度和匹配度等的研究。

设计主要是创意、技能表达和执行计划。我们要学习的设计包括创意表达的技能、用技能将概念视觉化的方法，以及执行的流程计划。

3．产品制造

如果说产品设计突出的是研究和学习，那么产品制造突出的就是对实力的考验。工业时代，无论是现代化高科技产品还是我们身边的日用品，都需要大量的制造企业，以及各种制造大型企业下游的零件加工中小企业群。产品制造的一般流程为：

- 策划产品的基本理念；
- 进行概念设计；
- 进行细节零件层面的详细设计；
- 进行将设计转化为实物前的一系列准备；
- 市场调查及宣传；
- 产品生命周期和售后服务、维护和修理等。

2.2.2 DIY产品制造

为什么会有那么多人想做创客呢？我想吸引大家的，除了可以亲手制作出令人兴奋的作品，还有从想法变成现实的制作过程中，那种专注于手工制作的学习方式带来的欣喜。

我国有很多手工匠人、手工艺人，他们打造了许多巧夺天工的作品，我们也有很多优秀的传统手工制作工艺，如剪纸、扎染、木雕、打银等。

创客运动掀起了 DIY 制作文化复兴，也掀起了数控制造领域的 DIY 产品制造的热潮。热潮中的主打工具就是 3D 打印机、激光切割机、数控铣床等，让大家可以在 Fablab（开放创造实验室）、校园创客空间或是家庭创客空间里制造产品。这些设备、工具，既可以制造个性化、智能化的装置，也可以作为传统手工艺的创新技术表达方式，使这些传统艺术焕发新的生命力。

自己或是几个人一起在创客空间里制造产品，需要做好下面的一些准备工作。

- 从了解到逐步熟悉制造设备、工具的基本原理和基本操作方法。
- 学习和掌握制造产品的软件建模知识，如 3D 打印的三维建模软件的知识与操作技能；激光切割的二维建模软件的知识与操作技能；智能化产品涉及的电子硬件知识、程序编写知识，甚至还有人工智能知识。
- 学习材料的相关知识，了解并逐步熟悉制造产品与制造材料的匹配效果。
- 作为产品设计师的人，应提前了解该产品所处的制造环境、消费者的需求变化等，特别是预测人们对某类个性化产品的需求量。
- 实验考证产品材料的使用周期、维护和修理等问题。
- 了解小批量私人定制型产品的制造流程和销售模式。

2.2.3　激光切割类型的DIY产品制造

倡导个人创意、个人设计和个人制造的 FabLab（开放创造实验室）一般标准配置开源硬件平台、3D 打印机、激光切割机、数控机床。在教育创客空间或实验室中，3D 打印机和激光切割机也成为标配。

由于创客项目竞赛的带动，激光切割机这两年受到广泛关注。其功能和应用主要发挥在两个方向：一个方向是为创意智造类电路装置制作结构件和外观模型件，通过搭建，将电路装置封闭为外观结构较完整的实物，使其趋近于产品的样子；另一个方向是开发通用型开源积木件，将其作为基本结构件提供给学习者或参赛者，创造性搭建各种模型。这些模型，都可以不断修改完善，特别是修改激光切割结构件和外观件的二维设计，提升作品装置产品化造型程度。

用激光切割机进行 DIY 还有一类应用是未通过相关竞赛体现的，但其实就是源于它本身的制造功能：实用型物品的 DIY 或艺术型物品的 DIY。其中，实用型物品的 DIY，体现最明显的就是为家、办公室、创客空间制造的物品。我们可以想象一下，你触手可及的留言板、杯垫、笔筒是自己亲手制造的，该是件多么酷炫和令人满足的事。如果你还有文艺因子或艺术特长，利用激光切割机，可以制造许许多多令人意想不想的作品。这就是个性化制造的魅力，这些由你制造的物品，有意无意间成了产品。

当然，你和其他热衷于 DIY 的人一样，还可以专门从事激光切割 DIY 产品设计。综上所述，我们可以利用激光切割机制造以下类型的产品。

（1）定制装置：我们使用激光切割建模软件配合电子硬件设计、制作智能装置物品，例如语音陪伴机器、智能音乐盒、智能小车等，然后将模型零件与电子硬件打包销售，成为定制型产品。

（2）定制学具或玩具：我们使用激光切割建模软件设计通用型积木零件、产品，用户可自行发挥创意搭建。积木件产品可打包销售，也可提供开源图纸下载。目前网上商城有不少这类切割型物件，例如木制密码锁、手饰盒、过家家玩具等。

（3）创意小物件：我们可以设计各种生活创意小物件，如钥匙扣、书签、名片夹等，

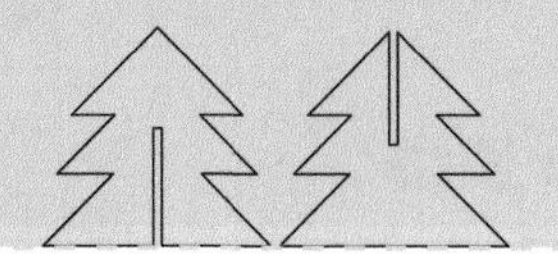

用个性化设计表达多样化的喜好、情绪和小众品质需求。当创意小物件被注入了历史和文化元素，我们可以在文创领域有更多的施展。

（4）工艺摆件：从传统手工艺制品，到工业化流水线产品，再到个性化制造的小批量生产，工艺爱好者或工匠可以利用激光切割利器为制造工艺型产品铸入新的灵魂。例如，我们在生活家居类店面和网上商城可以看到不少工艺摆件。

2.3 体验激光切割：作品切割和鉴赏

天工开物，形万变而不穷。除了自然物，我们可以创造更多、更好的人造物，来提升生活体验，改善我们与自然、生活的关系。

将开源图纸文件导入激光切割机，体验激光切割的过程，成品如图 2.5 所示。

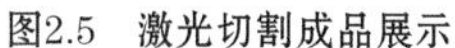

图2.5 激光切割成品展示

2.4 激光切割产品制造流程

> 如果你是一个热衷设计、制造的成年人，请感谢这一个新制造时代，它让你们有了新技术、新设备、新机会，学习与施展在童年、少年时代错过的艺术创造。
>
> 如果你是一个喜欢设计、制造的青少年，请感谢创客教育风潮，它让你们在最好的时代，有新理念、新技术、新空间进行学习与创造。

2.4.1 选择一款激光切割制造设备

无论你是选择一台个人专属的激光切割机，还是为公用创客空间选择一款激光切割机，都将开启你的激光切割设计制造之旅。

在第 1 章中，我们了解了激光切割机的类型；在本章中，我们了解到激光切割机与其他数控制造设备的不同与优势范围，了解到工业用、教育用、台式、桌面型等关键词。到真正选择机器的时候，我们还需要将这些关键词与切割材料、切割幅面、切割功率、切割速度、安全系数、环保配置等因素关联在一起考虑，并且要选择质量有保证、售后维修有跟进、有使用培训的。当然，跟随创客大咖的脚步，直接选用他们用得顺心的品牌和机型，那就省心多了。

教育用激光切割机，一般推荐购买功率为 60W 以上、幅面为 600mm × 400mm 以上、有保护钥匙、有开盖即停保护措施的台式切割机。

2.4.2 学习激光切割建模的基本方法

我们把基于软件的二维绘图和工艺模式设计，综合称为激光切割的建模。

关于二维绘图

一是学习平面作品的建模方法。计算机显示器是二维平面设备，建模软件的绘图也是 *X* 轴、*Y* 轴上的位置信息，教育用激光切割机平面雕刻和切割也是在 *X* 轴、*Y* 轴上移动。因此，我们在屏幕上显示的绘图软件里见到的，就是将会在工件材料表面操作的轨迹，但要得到一个实物模型，要根据想法在软件中设置工艺模式。我们可以直接在激光切割建模软件（如本书使用的 LaserMaker）中绘制二维图形；也可以使用自己原先熟悉的平面图形处理软件（如 Windows 自带的画图软件、Photoshop 等）绘图后，将文件导入激光切割建模软件中进行综合处理（包括工艺模式的处理）。

二是学习立体作品的建模方法。实物的物理结构是三维的，如何用二维的数据进行表达呢？在利用二维建模软件进行设计的时候，需要对三维物体的点、线、面进行转化处理，按转化图形进行切割，切割后形成可搭建的制件，仿如搭积木一样，堆叠或拼插，

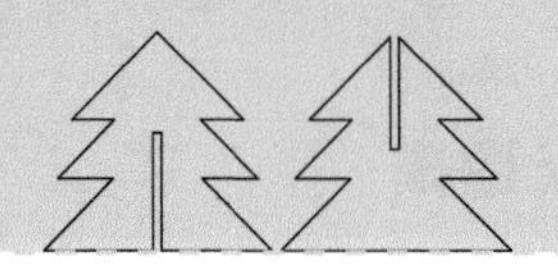

搭建成形近于要制造的物体的模型。

关于工艺模式设计

在众多的激光切割理论书中，我们没有查阅到对制造业的激光切割工艺的分类和定义，为方便 DIY 的实践者更好地使用激光切割技术，我们对激光切割工艺模式的设计进行了分类和描述。激光切割的工艺模式设计，包括选择材料、选择加工工艺效果和选择加工厚度。

首先选择材料。在 DIY 作品设计中，材料选择是首先要考虑的。同样的图样，在不同材料上表现效果各异。LaserMaker 软件提供了木板、亚克力板、皮革、玻璃等多种材料选择。因为每一种材料接受激光技术加工的表现不同，所以软件已对相应材料的可加工工艺效果做了设定。本书的案例多选择木板或亚克力板作为加工材料，因而选择变化不大。建模者如需实现其他设计想法，可在材料上做一些个性化尝试。

接着选择加工工艺效果。如果从激光头的工作方式看，激光切割的加工工艺效果有两种，分别是切割与雕刻。作为 LaserMaker 软件的开发指引者之一，我们根据教育用激光切割机使用和激光切割建模的需要，从实现效果的角度将激光切割加工工艺分为切割、描线、浅雕刻和深雕刻 4 种。这 4 种加工工艺效果的参数配置已在 LaserMaker 软件中实现，具体操作方法将在第 3 章、第 5 章中具体讲解。同时，我们也要知道，加工工艺效果的选择受限于制造材料，针对不同制造材料，软件已对加工的可能性做出了规限。

然后选择加工厚度。同样地，LaserMaker 软件开发者从简易、便利的角度，已根据不同材料及加工工艺效果匹配了厚度配置。新手上路可以使用软件默认配置的加工厚度。高手则可以根据制品设计，通过“自定义厚度”菜单，设置材料厚度、是否吹气、加工速度、加工功率等具体参数。

最后，还有一个环节，是设置加工工艺顺序。我们通过设置一个制品中各图形组成部分的加工工艺的顺序，可以编排制件各部分生成的过程。

2.4.3　认识激光切割产品的开发流程

产品策划

产品开发流程，通常从产品策划开始着手。这项工作，可能是从你自己一个人开始，也可以组建团队一起进行。

产品策划的第一步是**调研**。策划前当然要做充足的生活调查，包括去工艺品店、书店、文化广场等地实地考察和在网上商城做市场调研。

产品策划的第二步是**定位**。考虑自己或团队计划做什么样的产品、对象用户群是谁、销售价格相比市场如何、市场预期如何。

产品策划的第三步是**草案**。将要做的产品或产品系列制作成草案，例如绘制设计图样、拟写策划书等。

技术方案

将产品策划书以概念设计和详细方案表达出来，就形成了技术方案。技术方案的内容包括产品用途、用户群、产品形态（结构、形状、尺寸、材料）、建模（绘制图纸、

工艺模式设计）、制造材料推荐等。

选择材料

根据同一款设计，尝试以多类多种材料进行制造，要综合考虑材料的硬件、厚度、湿度、加工后色泽等各方面因素。

建模和切割调试

进入建模实战环节，对图形绘制和工艺模式设计进行具体操作。在设计环节，我们实际上需要反复进行切割调试，对设计进行迭代，以验证设计的可行性，例如曲面线型点阵的宽度与材料脆性的关系。

试制和定向制造

对于 DIY 小批量生产，我们可以尝试试制和定向制造的方式。试制是自己对定稿的第一代产品进行试制，将其投放到店铺或送给亲戚朋友。定向制造是在试制产品口碑好的基础上，有客户预订才进行的制造。无论试制还是定向制造，都是对自己制造的产品的一种传播 / 销售渠道。

防霉和上色

每年春末夏初是南方的梅雨时节，空气非常潮湿，导致衣物、墙壁、物品（特别是木制品）等容易受潮发霉。为了保障木制品的品质，我们需要对木制品做防霉处理。

为了增加产品的美观性和多样性，我们也可以在作品上上色，例如用水彩笔涂鸦，或者用丙烯颜料进行涂色。

2.4.4　激光切割产品的宣传销售

从销售的角度看，产品都需要宣传推广，在这一环节中，也需要个体制造者或小型制造商做一些事情，运用一些宣传的策略。

- 自媒体策略：分享产品的推文进行推广，推文内容包括产品图片、使用场景、制作基本步骤、演示视频等。
- 工作坊策略：以制作工坊的方式，组织大家参与、体验和制作，形成对产品制造的体验和认识，形成对产品系列的连带推广。
- 众筹策略：以将设计技术方案进行开源的方式进行推广，以众筹的形式吸引大家支持与参与制造，形成广受关注的态势。

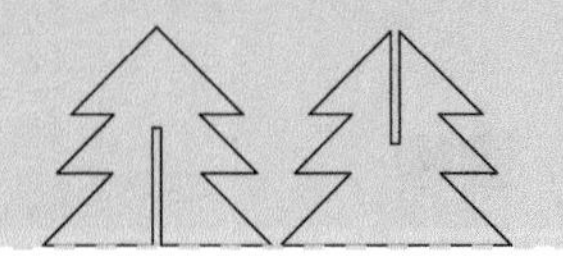

2.5 激光加工的安全与防护

技术具有两面性，其利的一面，有助于我们发展生产，服务人类；其弊的一面，我们要充分认识，建立防范意识，形成防护方法，并严格建立操作规程，减少其作恶的可能性。

在激光制造过程中，如果操作不当，机器可能会对我们的眼睛和皮肤造成严重的伤害，甚至会引起火灾等严重的事故。为了避免发生事故，掌握激光加工的安全使用知识、认识其潜在危害性尤为重要。

2.5.1 激光安全等级划分

激光产品的波长决定了不同人体组织对激光的吸收特性以及危害的机理，功率和能量则会决定激光的危害程度。因此，根据激光产品的激光波长、最大输出功率或能量，国际电工委员会标准（IEC 60825-1）将激光产品分为 7 个等级，分别是 1 级、1M 级、2 级、2M 级、3R 级、3B 级和 4 级。这些安全等级，数字越小，安全性越高。各安全等级的具体情况如下。

1 级

1 级激光一般为红外激光或激光二极管产生的波长大于 1400nm 的不可见激光，功率通常限制在 0.39mW[①]。这类激光在合理可预见的条件下一般是安全的，不会使眼睛受到伤害，也不会引发火灾。

使用 1 级激光的代表产品有 DVD 播放器、眼科激光曲率测量仪等。

1M 级

1M 级激光与 1 级激光的安全等级一致，正常使用时不会造成危害，但是当使用放大镜、望远镜等光学设备观察激光时会增加风险。

使用 1M 级激光的代表产品是小功率光纤通信激光器。

2 级

2 级激光产生连续或脉冲的可见光，波长为 400 ~ 700nm，功率较低，连续光的功率通常限制在 1mW 内。这类激光属于低危险激光，通常可由人眼自然产生的厌光反应（眨眼或回避）对眼睛进行保护，只有在持续凝视光束时才会对眼部造成伤害。

使用 2 级激光的代表产品有激光扫描仪和激光笔等。

2M 级

2M 级激光与 2 级激光的安全等级一致，属于安全使用范围。但是，同样地，当使用放大镜或望远镜等光学设备观察激光时，激光束可能会对眼睛造成伤害，其危害程度

① 1mW=0.001W。

会超过 2 级激光。

使用 2M 级激光的代表产品是激光水平仪器。

3R 级

3R 级激光产品产生的可见激光输出功率限制在 2 级激光输出功率的 5 倍，即 1 ~ 4.99mW。3R 级激光产品在正常使用情况下一般不会造成伤害，但直视光束会有危害，要注意避免直视光束。

使用 3R 级激光的代表产品为激光测距仪。

3B 级

3B 级激光产品产生的激光输出功率限制在 5 ~ 499.9mW，直视光束会对眼睛造成伤害。

使用 3B 级激光的代表产品是演示激光器。

4 级

4 级激光产品产生可见或不可见激光，产生的激光功率超过 500mW，可以直接使人的眼睛或皮肤瞬间受到伤害，其漫反射光同样具有强烈的危害性。4 级激光还可使可燃物燃烧，一般在激光功率密度达到 2W/cm2 的情况下就有可能引发火灾。

使用 4 级激光的产品通常应用在激光切割、激光雕刻和激光焊接等需要高能量激光的领域，代表产品有激光切割机、激光焊接机和激光打标机等。

2.5.2 激光加工的安全防护

正确认识激光产品的安全等级，了解其危害程度以及注意事项，才可以有效避免激光伤害事故的发生。教育用激光切割机的激光器一般是 CO_2 激光器，功率大多为 60 ~ 150W，波长为 10.6μm，属于不可见的红外光线，属于 4 级激光产品。在激光加工过程中，操作人员必须认识到激光可能产生的危害，正确使用机器，做好个人防护及其他防护措施。

1. 激光加工对人体的安全危害

（1）激光对人体的危害

① 对眼睛的伤害

激光具有很高的功率密度和能量，其亮度比太阳光、电弧光要高数十倍。如果眼睛受到激光的直射，视网膜会损伤，引起视力下降，严重时眼睛会受到永久性的伤害甚至失明。即使是小功率的激光束，由于人眼的光学聚焦作用，也会对眼底组织造成损伤。同样地，激光的反射光也会对眼睛造成损伤，特别是在切割高反射率的材料时，其伤害程度可与直接照射时的相当。此外，激光的漫反射光也会对眼睛造成慢性伤害，导致视力下降。

② 对皮肤的伤害

激光功率密度很大，伤害力也大。若受到激光的直接照射，皮肤会被灼伤，难以愈合。可见光波段（400 ~ 700nm）和红外波段激光会使皮肤出现红斑；极短脉冲、高峰值功

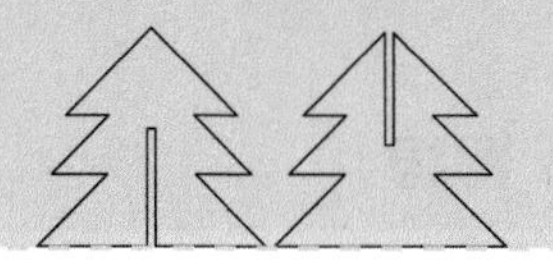

率激光辐射会使皮肤表面碳化。若受到紫外激光和红外激光的长时间漫反射，皮肤会老化、出现炎症甚至患皮肤癌。

（2）激光加工材料对人体的危害

虽然激光能够加工各种各样的材料，但是并非所有材料都适用于激光加工，一些含有特殊成分的材料会因受激光加热而熔化、蒸发或汽化，进而产生各种有毒的危险气体或粉尘，对人体造成伤害。此外，易燃的材料也有可能在激光的长时间加工下燃烧，甚至造成火灾。而高反射率材料可能会产生漫反射，也应当引起重视。因此，在尝试切割未使用过的材料之前，必须检查这些材料是否可用于激光加工。

表 2.2 所示为部分不可用于激光加工的材料，切勿使用激光切割机加工这些材料。

表 2.2　不可用于激光加工的材料

材料	加工带来的危害
聚氯乙烯（PVC）、乙烯基、含铬皮革和人造革	切割时会产生有强烈刺激性气味的剧毒气体——氯气，并且会腐蚀设备的金属部件，破坏光学器件以及运动控制系统
聚碳酸酯（厚度 >1mm）	切割效果差，容易变色甚至燃烧，会破坏设备光学系统
ABS 塑料、含有环氧树脂的材料	加工时会熔化并且容易燃烧，切割时会释放出剧毒的氰化氢
高密度聚乙烯（HDPE）塑料	加工时极易熔化，甚至燃烧
聚苯乙烯泡沫、聚丙烯泡沫	加工时会熔化并且燃烧
任何食物（如肉、面包、饼干等）	切割时会产生有毒气体
其他高反射材料	加工时容易带来漫反射危害

2．激光加工的安全防护措施

（1）激光加工设备的防护措施

为避免激光加工过程对人造成伤害，最优先采用的防护措施就是加强激光加工设备的防护措施，主要包括以下几个方面。

① 激光加工的光路系统应全部封闭，防止激光泄露。

② 激光设备必须有开盖即停的功能：当机器的各个仓门被打开时，激光器应当立即停止工作。

③ 激光束的高度不能与坐着或站立的操作人员的眼睛处在同一水平线上。

④ 激光加工设备应设有明显的安全警告标志或硬件装置，如设置“激光危险”“高压危险”等标志；增加醒目的“紧急停止开关”装置以及标志，以便及时有效地关断激光，减小危害。

⑤ 激光加工设备应安全接地，防止漏电造成触电伤害。此外，设备还要有防止出现短路而烧毁的功能。

这些激光加工设备本身应具备的防护要求，设备的采购者也需要了解，以帮助自己

选购到规范的、安全的产品。

（2）操作人员个人防护措施

即便激光加工系统被完全封闭，操作人员依旧有可能因意外接触反射激光或散射激光而受到伤害。因此在进行激光加工时，操作人员仍需采取必要的个人防护措施。

① 现场操作人员须佩戴激光不能透过的防护眼镜，根据不同的激光器（激光的波长不同）选用不同的滤光镜。CO_2 激光波长为 10.6μm，不能穿透普通玻璃，可佩戴有侧面防护的普通眼镜或太阳镜。因而，采购完激光切割机，使用前还要采购防护眼镜。

② 若使用较大功率的激光加工设备，工作人员须穿由耐火或耐热材料制成的白色防护服，戴激光防护手套以及激光防护面罩，以此减少激光漫反射的影响。

③ 操作人员须熟悉激光加工设备的操作安全知识，或在有经验的工作人员的指导下进行激光加工操作。

（3）其他防护措施

① 激光加工场所应该配备有效的通风或排风装置，同时应该配备必要的灭火器材。可根据不同的加工材料配备其适用的灭火器，例如，泡沫灭火器适合用在木材、橡胶等固体可燃物燃烧引起的火灾中。

② 在多人使用或围观的情况下，操作人员应注意周围环境，避免在开启激光保护盖或移动激光头时撞伤他人。

第 3 章　体验激光切割建模

如何用数学算法将生活中的物体，以二维或三维的图形转化在显示器的像素点阵中表达，成为 2D（二维）或 3D（三维）数据，是初学者学习的第一步。教育用激光切割机利用激光高温烧灼的特性表达出点、线等图形的效果，也可以实现切割的功能，以数控制造技术的方式扩充我们对用于 DIY 的制造工具的认识，拓宽我们进行艺术表达的空间。

本书把基于软件的二维绘图和工艺模式设计，综合称为激光切割建模。那么，要将生活中的实物的三维结构转化为二维结构，并在激光切割软件中用 2D 数据表达出来，就需要我们对激光切割建模有更多的认识和探索。在本章中，我们需要对激光切割建模软件及建模方法有基本的认识，学习其基本操作方法。

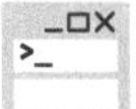

3.1 认识建模软件

如果有一款机器或工具能够吸引我们参与创造，让我们有更多精力进行想法的表达，你愿意加入学习吗？

在大众参与的产品制造中，我们需要学习简易的建模软件，但如果你想继续深入创造，学习专业建模软件可是少不了的。

3.1.1 常用激光切割建模软件介绍

目前可用于激光切割建模的软件有 AutoCAD、CorelDRAW、Inkscape、LaserMaker 等。其中，AutoCAD 和 CorelDRAW 是非常著名的专业平面绘图软件，已问世超过 30 年。Inkscape 是一款国外开发的开源矢量图形编辑软件，2003 年首发。LaserMaker 是国内的一款免费软件，由雷宇科教团队开发，主要用于教育创客作品的建模。LaserMaker 绘图操作简单，属于平面绘图入门级软件，适合绘图新手使用。相比于其他绘图软件，LaserMaker 还内嵌有设置加工工艺模式的功能，可实现绘图与设置激光加工工艺参数一体化。

以上 4 款建模软件的对比情况如表 3.1 所示。

表 3.1 常用激光切割建模软件对比

软件名称	图标	是否免费	基本功能	适用文件格式	设置加工工艺	操作难易
AutoCAD	AutoCAD	否	各种平面图形、三维图形的绘制和编辑	DWG、DXF、DWS、DWT、JPG、PNG 等	通过插件实现	难
CorelDRAW	CorelDRAW	否	矢量图形的绘制、位图编辑、文字编辑、矢量动画设计、网页设计	CDR、AI、DXF、TIF、JPG、PSD、EPS、BMP、WMF、DWG 等	通过插件实现	一般
Inkscape		是	矢量图形的绘制、位图编辑、文字编辑、矢量动画设计、网页设计	SVG、CDR、PLT、AI、JPG、PNG、PDF 等	无	一般

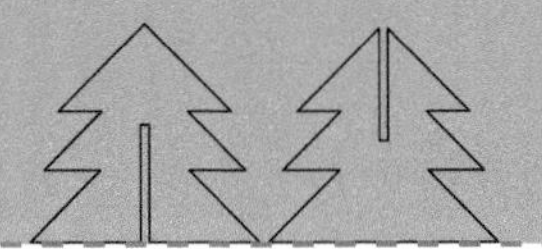

续表

软件名称	图标	是否免费	基本功能	适用文件格式	设置加工工艺	操作难易
LaserMaker		是	创客教育活动激光切割设计、矢量图形的绘制、文字编辑	SVG、DXF、PLT、AI、JPG、BMP、PNG 等	软件内嵌	容易

3.1.2　LaserMaker基本介绍

1. LaserMaker 简介

LaserMaker 是一款为创客教育研发的激光切割建模软件。LaserMaker 有下面三大核心功能。

（1）快速造物功能：LaserMaker 具有简便、快捷的绘图能力，内含建模模板、多元图库，可实现从绘图、加工工艺选择、参数设置到激光加工一体化快速实现的流程。

（2）加工工艺设置功能：LaserMaker 内嵌了设置激光切割加工工艺和参数的功能，目前可设置切割、描线、浅雕和深雕 4 种加工工艺。

（3）模拟造物功能：LaserMaker 开发了按设定的加工工艺和加工参数进行模拟激光切割工作的功能，在软件中直接动态呈现模拟效果，使造物者能够直观、便捷地将设计与制作关联起来，从而提升设计的调试效率，减少材料的损耗。

由此可见，LaserMaker 不仅仅是一款简单、易用的绘图软件，而且还是融合激光加工工艺模式设置的软件，因此，我们把 LaserMaker 视为激光造物建模软件。

本书介绍的 LaserMaker 软件版本是 V1.5.48。

2. LaserMaker 的下载、安装和启动

（1）进入 LaserMaker 官网，单击“点击下载”按钮，如图 3.1 所示。

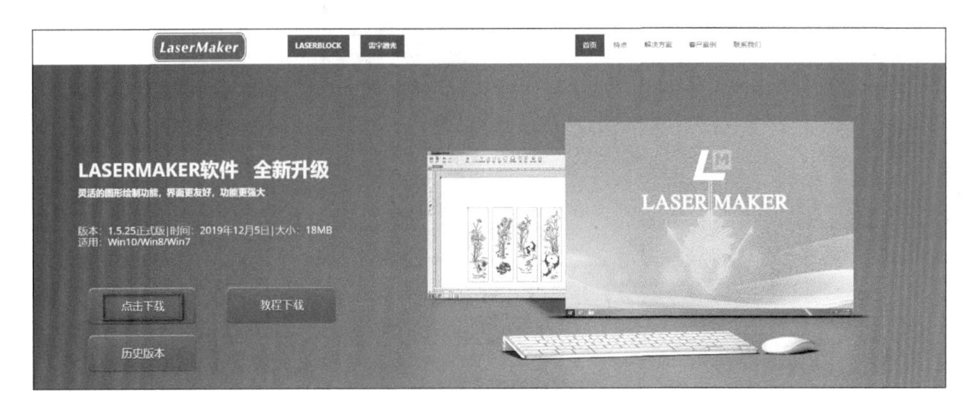

图3.1　LaserMaker官网首页

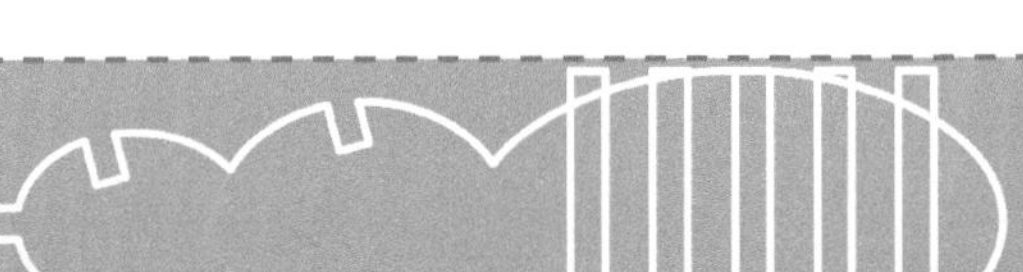

（2）双击打开下载好的压缩包，双击“Setup.exe”安装文件进行安装，如图 3.2 所示。

名称	压缩前	压缩后	类型	修改日期
.. (上级目录)			文件夹	
Driver			文件夹	2019-10-13 21:15
LaserMaker			文件夹	2020-02-10 10:44
Plugin			文件夹	2019-10-13 21:14
Readme.txt	23.3 KB	7.2 KB	文本文档	2020-02-03 14:55
Setup.exe	1.7 MB	820.5 KB	应用程序	2019-10-13 21:13
setup.ini	1 KB	1 KB	配置设置	2019-10-13 21:14

图3.2　双击“Setup.exe”安装文件

（3）在弹出的“安装选项”对话框中单击“立即安装”按钮，如图 3.3 所示。

图3.3　单击“立即安装”按钮

（4）在弹出的“设备驱动程序安装向导”对话框中单击“下一步”按钮，然后单击“完成”按钮，如图 3.4 所示，完成 LaserMaker 的安装准备工作。

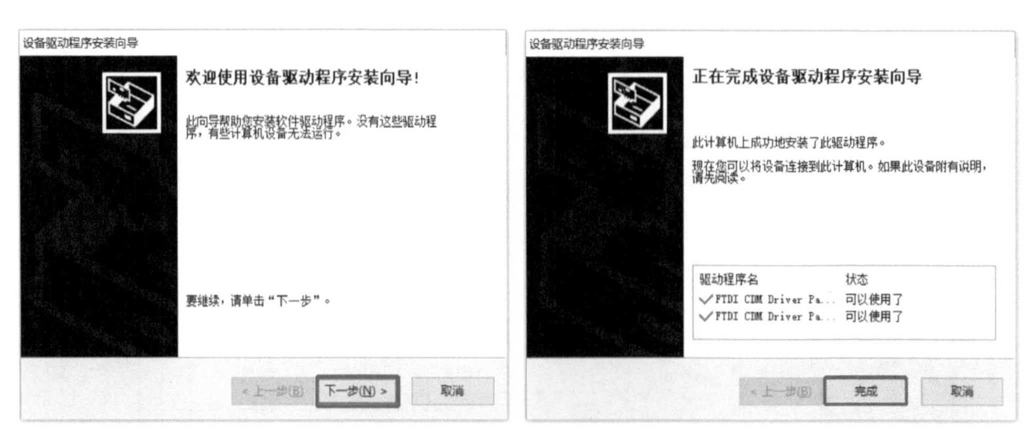

图3.4　安装界面

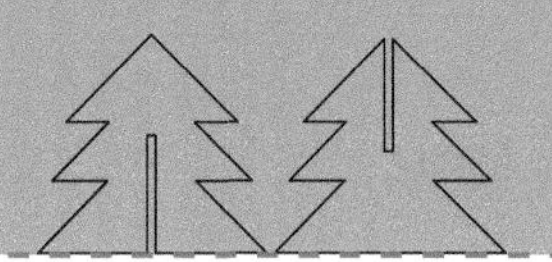

（5）最后在弹出的图 3.5 所示的“安装向导 -LaserMaker”对话框中单击“安装”按钮，开始进行 LaserMaker 的安装工作，待安装进度完成后，LaserMaker 的安装工作就完成了。

（6）双击屏幕快捷方式图标，启动 LaserMaker。

第一次启动 LaserMaker 时，会弹出一个对激光切割机进行定期维护的提示，如图 3.6 所示。等待 10 秒后，单击“确定”按钮可打开 LaserMaker 的主界面。这个提示每隔一周会出现一次，提醒使用者对激光切割机进行维护与保养。

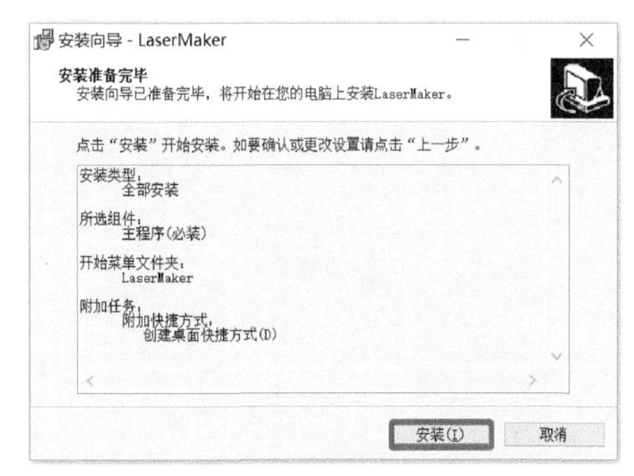

图3.5　准备安装“LaserMaker”

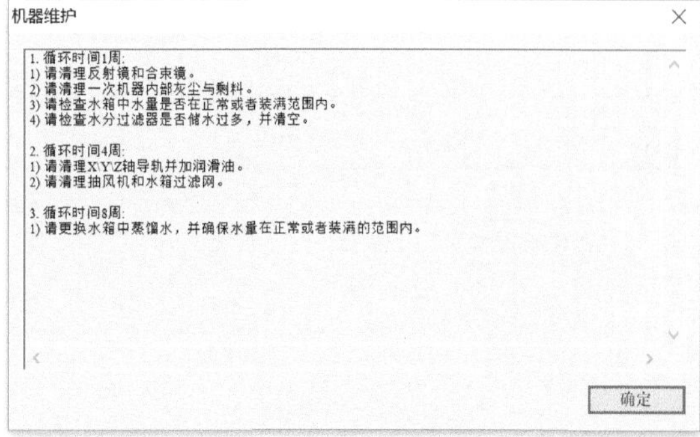

图3.6　机器维护提示

3．LaserMaker 界面

启动后的 LaserMaker 界面如图 3.7 所示，它主要包含绘图区、工具栏、绘图箱、图层色板、加工面板以及图库面板 6 部分。

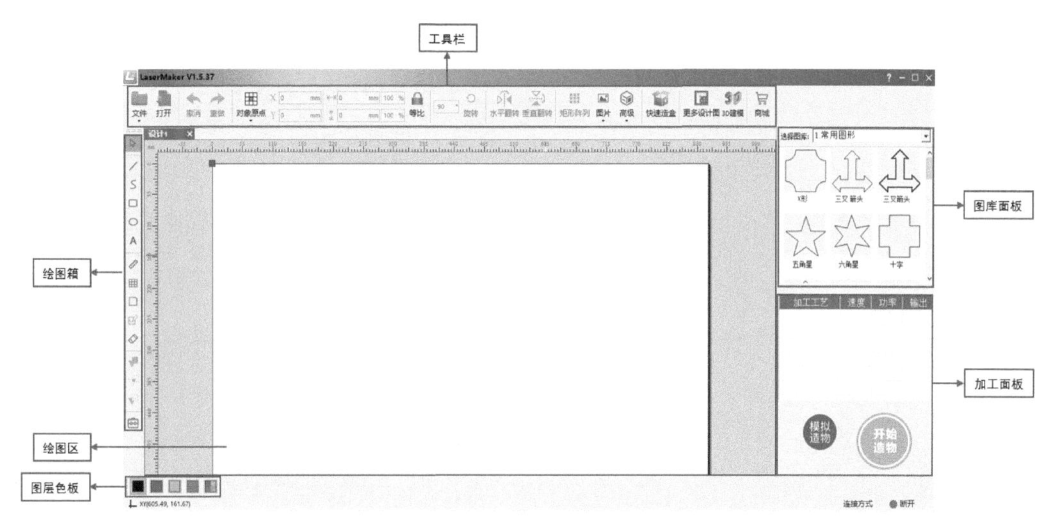

图3.7　LaserMaker界面

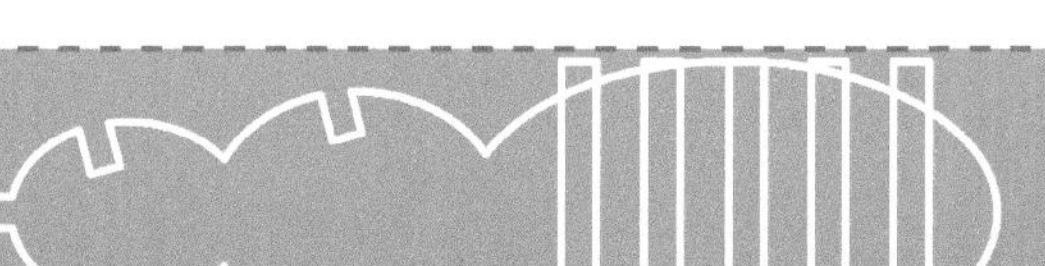

(1)绘图区

绘图区是绘制图形、编辑图形效果和展示设计图的区域。在此区域，单击鼠标可以进行绘图和选定对象；滚动鼠标滚轮，可以对图形进行放大和缩小；按住鼠标右键不放，可以拖动绘图区。

(2)工具栏

工具栏放置了文件操作选项、编辑快捷键、对象属性、图形图像、外部社区链接等功能按钮，如图 3.8 所示。

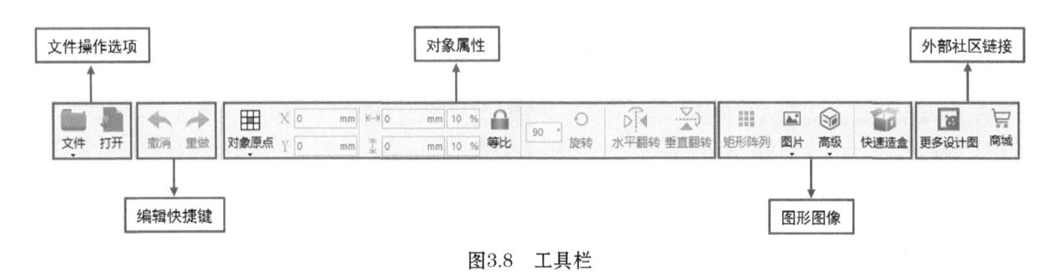

图3.8　工具栏

(3)绘图箱

绘图箱内不仅有常见的绘制图形的工具按钮，如线段工具、文本工具、橡皮擦工具等，还有利用布尔函数运算进行图形组合的工具，如并集、差集、交集等工具，我们使用这些工具能够快速、简易地绘制出图形。

(4)图层色板

图层色板中设置有 20 种颜色色标，用于设置和区分选定对象的加工工艺。完成绘图后，选中图形中相应的对象，在图层色板进行颜色的选择，即可对选定对象的工艺图层设置面板颜色，双击该对象的工艺图层，在弹出的“加工参数”对话框中则可根据加工的需求设置工艺模式及其具体参数。这样，该对象的加工工艺参数不仅已设定好，而且相对于图形中其他加工对象，还用设定的色板区分，有利于设计者辨别。

简单的图形可能只使用了单一的加工工艺设置，如果是组合图形且加工工艺复杂，则需要做多次设置并用不同颜色来代表不同加工工艺，从而有利于视觉区分和操作辨识。为方便使用常用加工工艺，LaserMaker 默认设定黑色代表切割工艺、红色代表描线工艺、黄色代表浅雕工艺、蓝色代表深雕工艺，这 4 种工艺的色板也可在设计过程中由设计者修改。

图层色板本质上属于加工面板的一部分，但在目前的软件版本中，被放置在绘图箱下面。

(5)加工面板

加工面板是对绘图区中的对象设置加工工艺和加工参数的功能面板，分为两部分：一部分是激光工艺图层面板，另一部分是激光造物面板。

① 激光工艺图层面板：双击工艺图层可以进入参数设置，包括加工材料、加工工艺以及加工的厚度。设置多个对象的参数后，为了让激光加工的效果达到最佳，一般设置

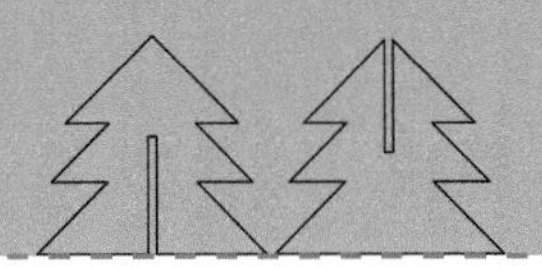

雕刻工艺对象在前，切割工艺对象在后，单击鼠标可拖动对象加工参数，对顺序进行上下调整。双击加工厚度的参数还可以调出关于加工速度、功率等的设置，有利于激光造物设计高手做更精细的设计和调试。

② 激光造物面板：面板操作区有“模拟造物”和“开始造物”2个按钮。单击“模拟造物”按钮可以进入模拟整个激光加工过程的窗口，预览激光器工作的过程并查看加工后效果，检查激光加工参数设置得是否合理。单击“开始造物”按钮，输入设计图名称，就可把设计图导入激光切割机里，接着操控机器进行加工，从而真正实现激光造物。

（6）图库面板

图库面板是存放图形素材供制作调用的区域。图库目前包含了常用图形、动物图形、通用素材、机械结构等8种图形素材，还有一个自定义图库，供使用者收藏喜欢的素材。软件开发团队会动态更新图库中的图形素材。

3.1.3 LaserMaker的基本操作方法

1. 工具栏的基本操作方法

（1）文件操作选项

① “文件”菜单

“文件”菜单的主要功能是对文件进行基本操作，集合了新建、保存、打印等功能，如图3.9所示。单击相应的选项可进行下一步操作。

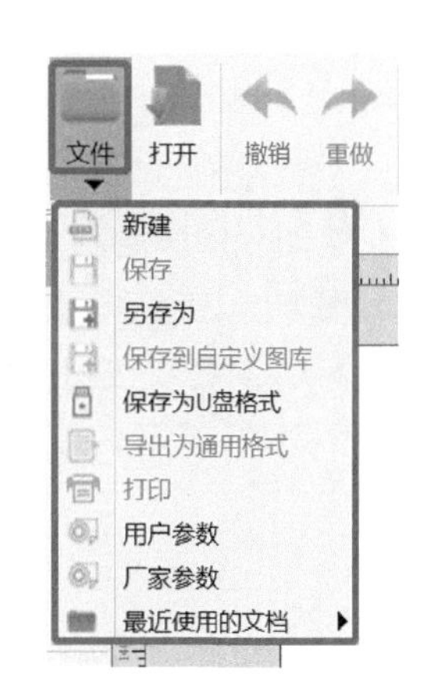

图3.9 文件操作选项界面

- “新建”：新建一个文件。
- “保存”：保存当前文件做过的任何改动。
- “另存为”：将做过改动后的当前文件保存为另一个文件。
- “保存到自定义图库”：将设计图保存到自定义图库中，便于后续操作。
- “保存为U盘格式”：将文件保存为适用于U盘的格式。
- “导出为通用格式”：将文件保存为绘图软件通用的plt格式。
- “打印”：打印绘图区的对象，通常用于输出设计图文件。没有激光切割机的用户，还可以将设计图打印到A4纸上，然后粘贴在瓦楞板上，使用美工刀或剪刀之类的工具将其裁剪下来进行拼装。
- “用户参数”：用户要使用特殊操作功能时可调整软件和机器的参数，但调整参数后对软件和机器的影响较大，非专业用户一般不建议修改。
- “厂家参数”：厂家生产设备时需要用到的机器底层参数，禁止用户进行改动。
- “最近使用的文档”：最近打开过的文件。

② “打开”按钮

“打开”按钮主要用于导入设计好的图形或者照片等，LaserMaker 支持 DXF、SVG、AI、PLT、LCP 等矢量格式及 JPG、BMP、PNG 等位图格式的文件。如图 3.10 所示，选中需要打开的图形或照片，单击“打开”按钮，图形或照片就会出现在绘图区。

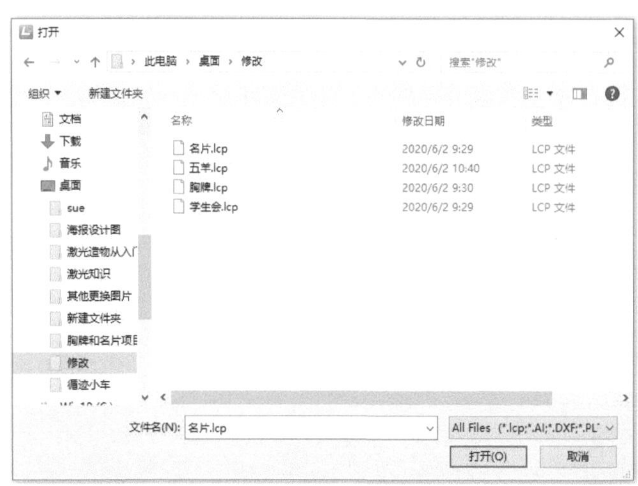
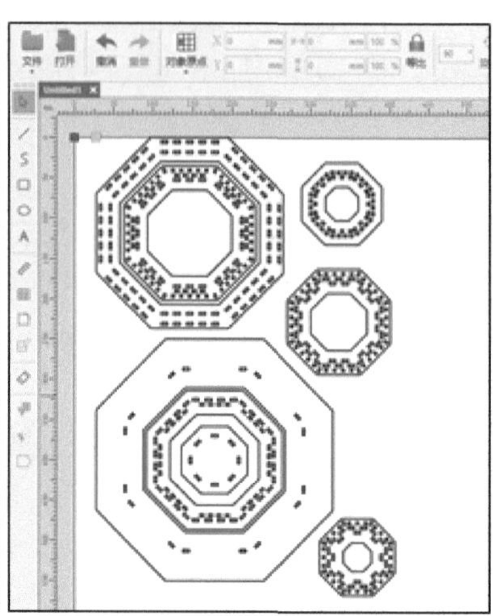

图3.10 “打开”选项界面

（2）“撤销”按钮和“重做”按钮

“撤销”按钮主要用于撤销上一步的操作，也可用组合键 Ctrl+Z 代替。如图 3.11 所示，在绘图区依次绘制两个圆，单击“撤销”按钮，则取消了上一步对右边圆形的绘制操作，效果如图 3.12 所示。

“重做”按钮主要用于重新执行上一步撤销的操作，也可用组合键 Ctrl+Y 代替。如图 3.13 所示，单击“重做”按钮，则取消了上一步撤销的操作，重新绘制出右边的圆形。

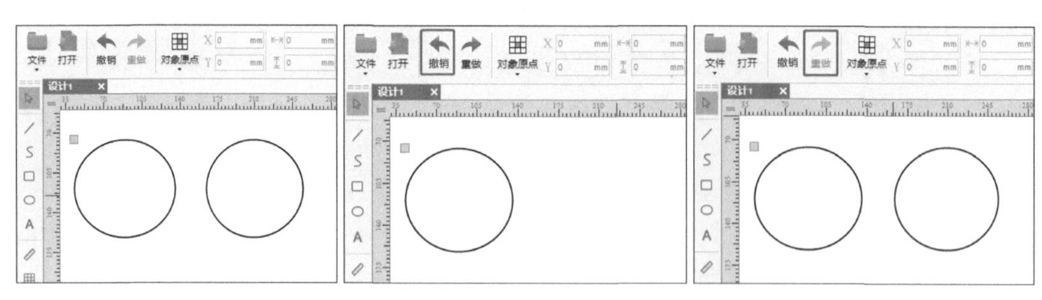

图3.11 绘制两个圆　　图3.12 单击“撤销”按钮　　图3.13 单击“重做”按钮

（3）对象属性

① “对象原点”按钮

“对象原点”按钮的主要功能是在对操作对象进行定位或缩放时要使用的参考点。

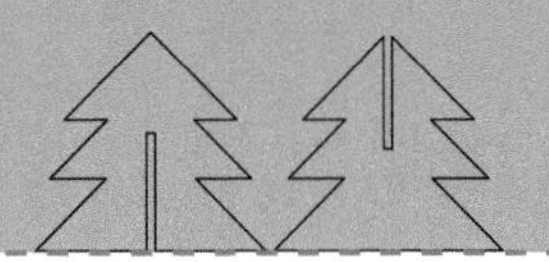

通常用于修改图形大小，使图形基于原点来缩放，且到达精准的位置。

“对象原点”按钮包括9个原点，选择不同的原点作为基准点来修改图形的大小，位置也会不同。选择以中心为原点，将宽和高各为200mm的矩形修改为宽和高各为100mm，矩形以中心为原点从四周向中央缩小，如图3.14所示。选择以左上角的点为原点，将宽和高各为200mm的矩形修改为宽和高各为100mm，矩形以左上角为原点向上方缩小，如图3.15所示。选择其他原点以此类推。

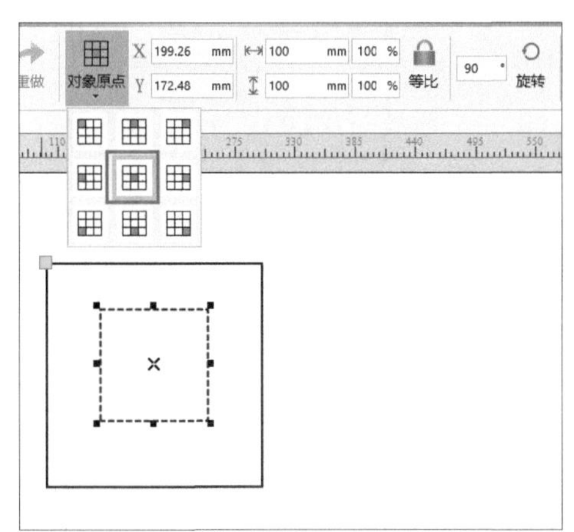

图3.14 以中心为原点缩小

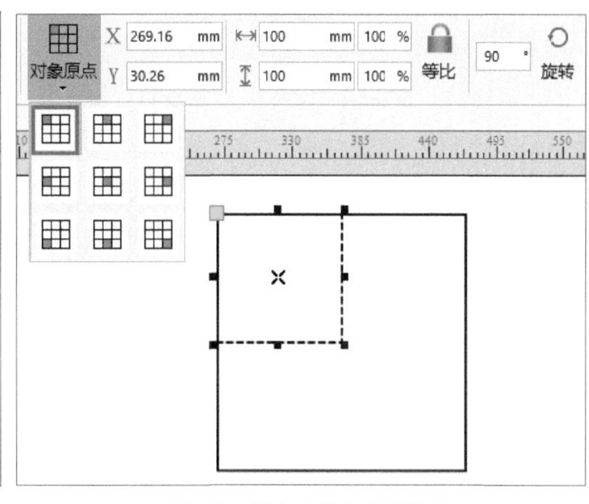

图3.15 以左上角为原点缩小

② 坐标轴

坐标轴主要用于显示图形在整个绘图区的位置，并且能够通过编辑数值来调整位置。选中图形，在 X 坐标和 Y 坐标处会显示相对于原点的距离数值，图3.16中圆形所在位置的 X 坐标为29.20mm，Y 坐标为62.06mm；若改变数值，将 X 坐标改为40mm，Y 坐标改为40mm，圆形在绘图区的位置也会发生相应的改变。软件里的 X 坐标和 Y 坐标支持四则运算，所以也可以在 X 坐标处输入“29.20+10.80”，然后按回车键，软件会自动运算结果，将 X 坐标改为40mm。

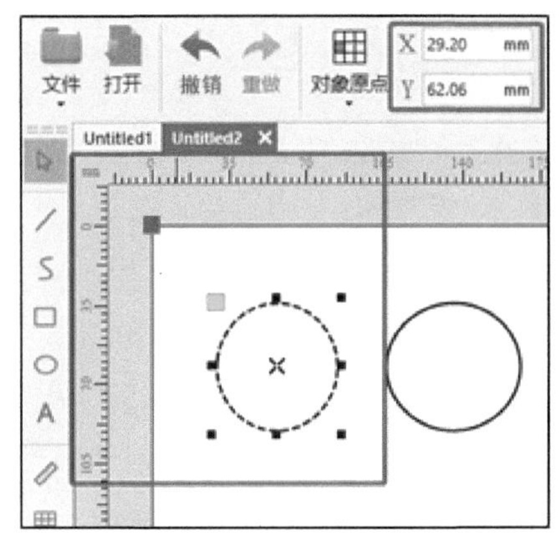

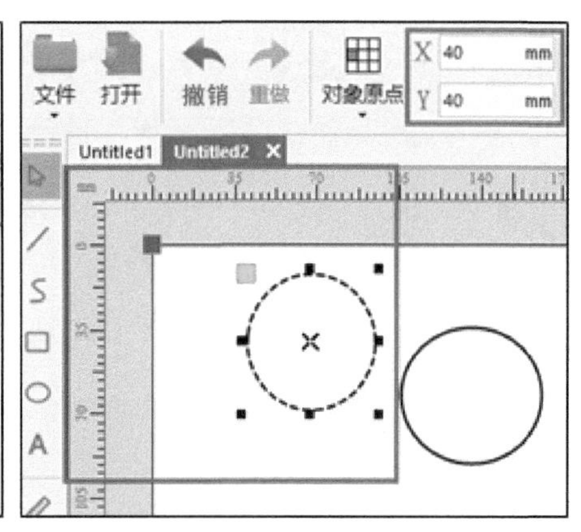

图3.16 通过编辑数值来调整位置

③“宽”和“高”显示框

“宽”和“高”显示框的主要功能是修改图形的大小。如图 3.17 所示，选中图形，“宽”和“高”显示框会分别显示图形宽和高的数值，图中图形是宽和高都为 36mm 的正方形；若将宽和高都改为 20mm，正方形的大小也会随之发生改变。软件里的宽和高也支持四则运算，例如，你在“宽”处输入“20*5”然后按回车键，系统会自动运算出结果，宽的数值改成 100mm。

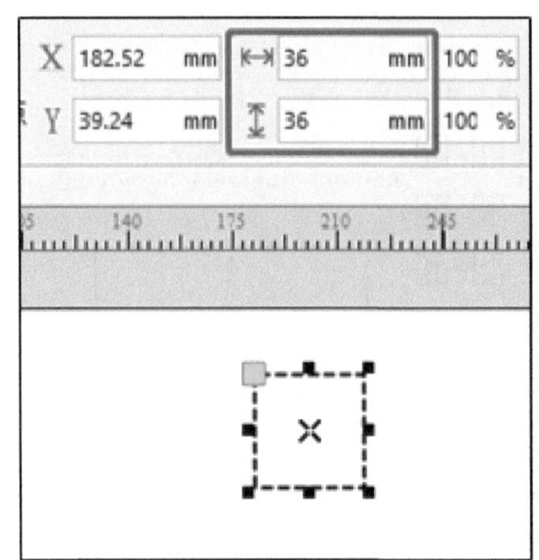

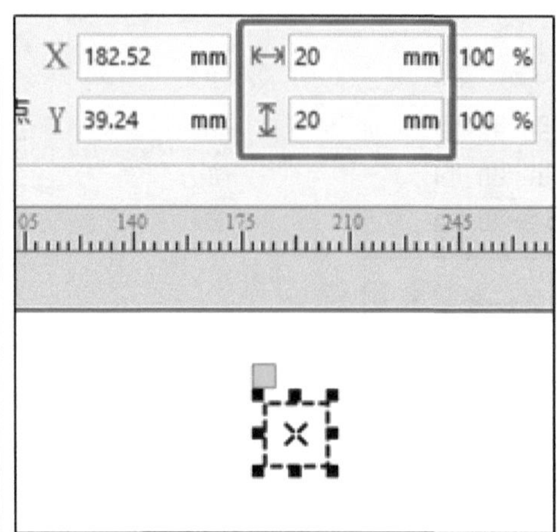

图3.17　修改宽、高，调整图形的大小

④“等比”按钮

“等比”按钮主要用于锁定比例，同时修改图形的宽和高，避免图形变形。如图 3.18 所示，单击“等比”按钮，将直径为 200mm 的圆形的高修改为 100mm，图形的宽和高同时发生更改，变为直径为 100mm 的圆形。

如图 3.19 所示，取消“等比”的选择，将直径为 200mm 的圆形的高修改为 100mm，此时只有图形的高发生更改，宽不变，因此圆形变为椭圆形。

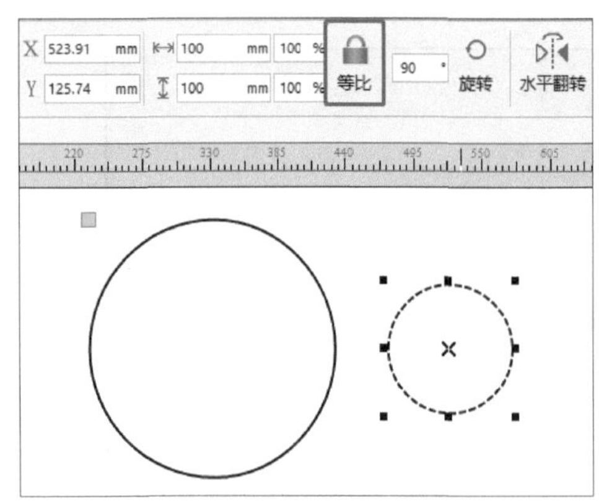

图3.18　锁定“等比”按钮

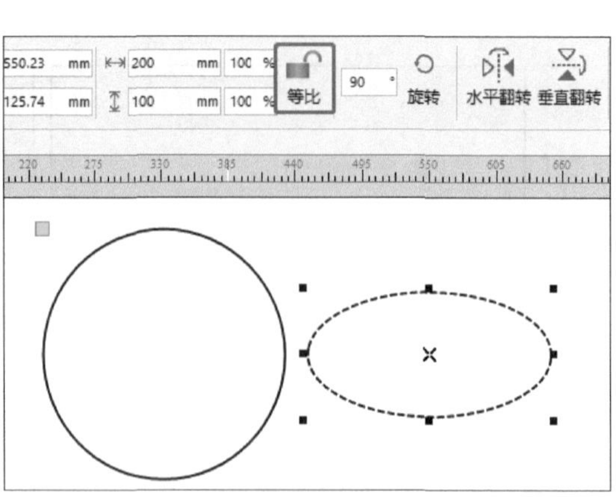

图3.19　未锁定“等比”按钮

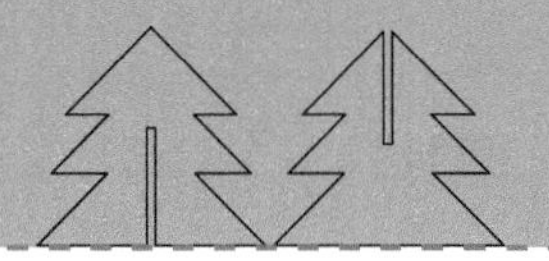

⑤ “旋转”按钮

“旋转”按钮主要用于改变图形方向，可以输入任意旋转角度数值。如图 3.20 所示，选中图形，输入要旋转的度数，单击“旋转”按钮，图形会按相应角度旋转。如图 3.21 所示，双击图形，图形四周会出现用于旋转的双向箭头，将鼠标指针移至双向箭头处，按住鼠标左键，可向左或向右旋转任意角度，旋转的角度也会显示在下方。

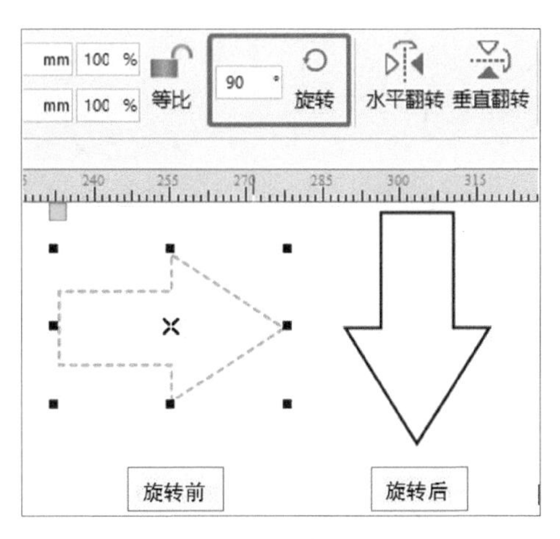

图3.20　旋转图形

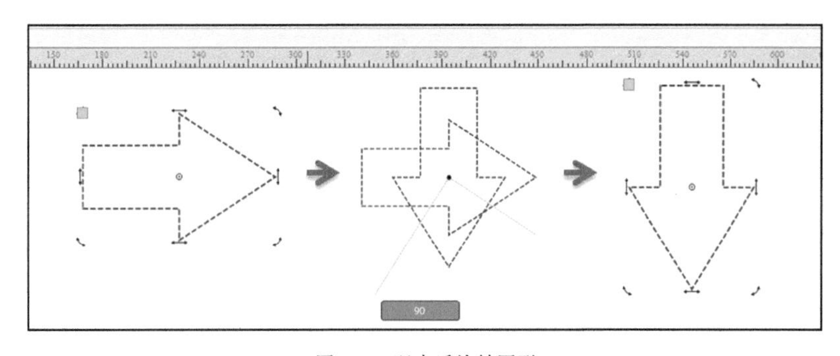

图3.21　双击后旋转图形

⑥ “水平翻转”按钮

“水平翻转”按钮主要是将图形从左至右进行翻转，翻转后得到一个水平方向对称的图形。如图 3.22 所示，选中要操作的对象，单击“水平翻转”按钮，图形将会进行水平方向的翻转。

⑦ “垂直翻转”按钮

“垂直翻转”按钮主要是将图形从上至下进行翻转，翻转后得到一个垂直方向对称的图形。如图 3.23 所示，选中要操作的对象，单击“垂直翻转”按钮，图形将会进行垂直方向的翻转。

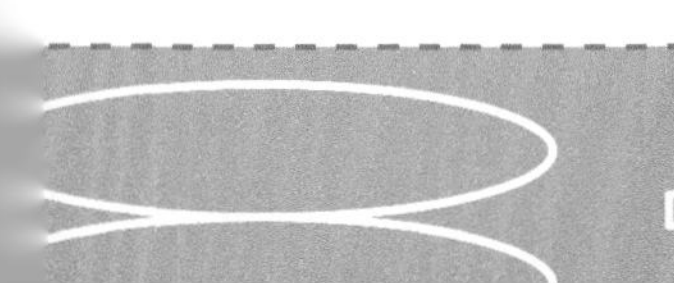

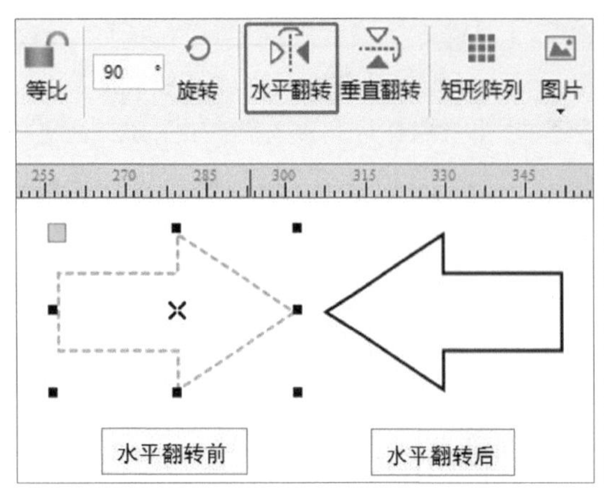

图3.22 水平翻转

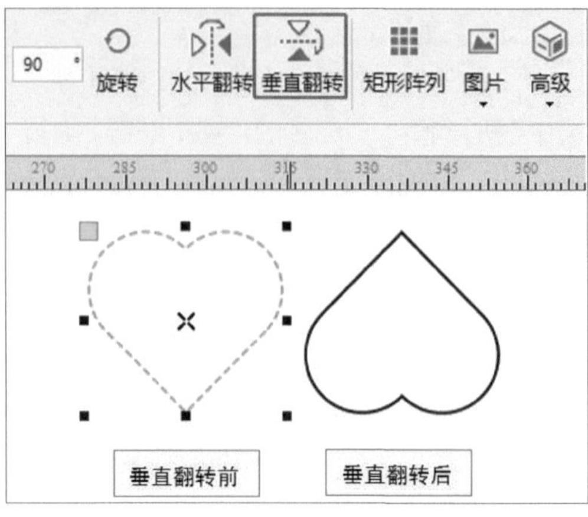

图3.23 垂直翻转

（4）图形图像

① “矩形阵列”按钮

“矩形阵列”按钮用于对选定对象做出矩形阵列的图形复制，可通过设置个数以及间距，快速复制出多个重复且排列划一的图形。如图 3.24 所示，选中要复制的图形，单击“矩形阵列”按钮，弹出的“矩形阵列”对话框包括“水平个数”“垂直个数”“水平间距”和“垂直间距”4 个文本输入框，可设置相应的参数，最后单击“确定”按钮，即可复制出多个图形。

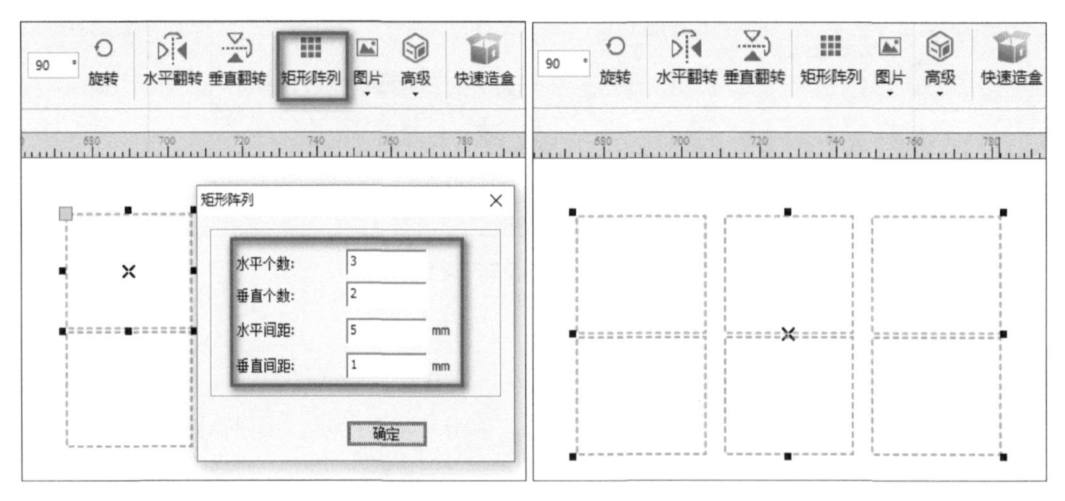

图3.24 用“矩形阵列”按钮复制图形

软件除了有“矩形阵列”复制功能，还有“圆形阵列”复制功能，但“圆形阵列”相较于“矩形阵列”不常用。“圆形阵列”功能按钮放置于“百宝箱”内，本书暂不介绍。

② “图片”按钮

“图片”按钮用于对已在绘图区打开的图片进行编辑，包括“反色”“分辨率”以及

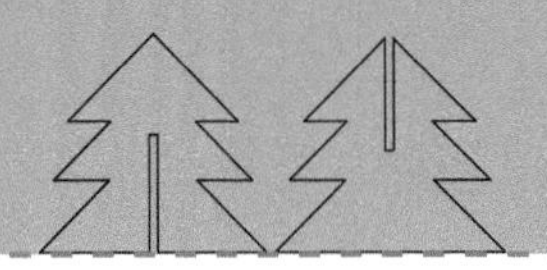

“裁剪”功能，如图3.25所示。单击“图片”按钮，弹出“反色”“分辨率”和“裁剪”3个按钮，可分别对图形进行相应的操作。彩色图片被导入软件后会被自动转成灰度图。

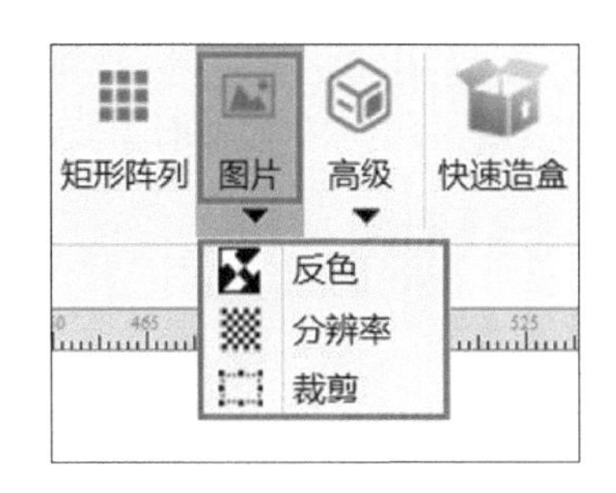

图3.25 “图片”选项下拉菜单

反色：图片反色是黑白色素之间的对调，这是处理位图的方法，主要用于亚克力等透明材料的雕刻，以及雕刻印章时制作阳雕效果。单击“反色”按钮，则可对图片进行反色处理，如图3.26所示。

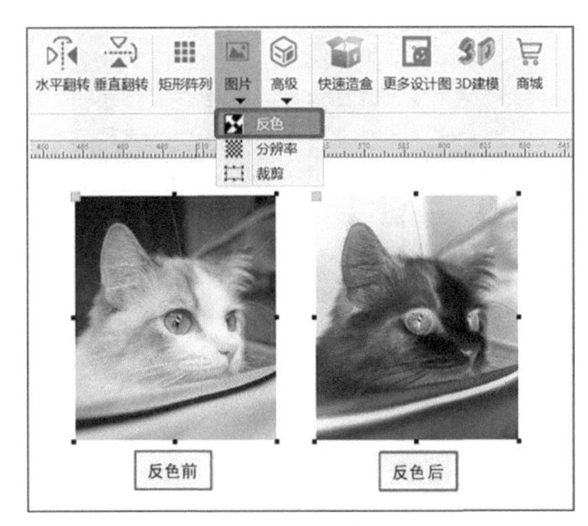

图3.26 反色操作对比

分辨率：推荐分辨率输入值在80 ~ 200，图片的原始分辨率要大于输入分辨率，否则会出现失真。单击“分辨率”按钮，弹出“分辨率”对话框，显示原始分辨率，通过输入数值可更改分辨率，单击“确定”按钮，即可得到分辨率合适的图片，如图3.27所示。

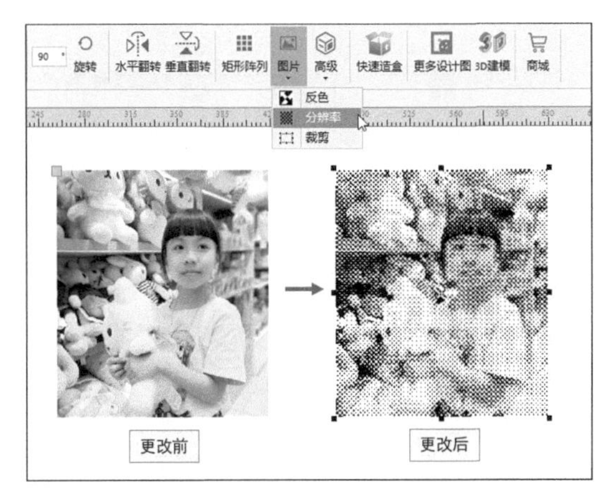

图3.27 更改分辨率前后对比

裁剪：单击“裁剪”按钮，弹出“裁剪”对话框后，调整裁剪框后，单击“确定”按钮，即可裁剪出大小合适的图片，如图 3.28 所示。

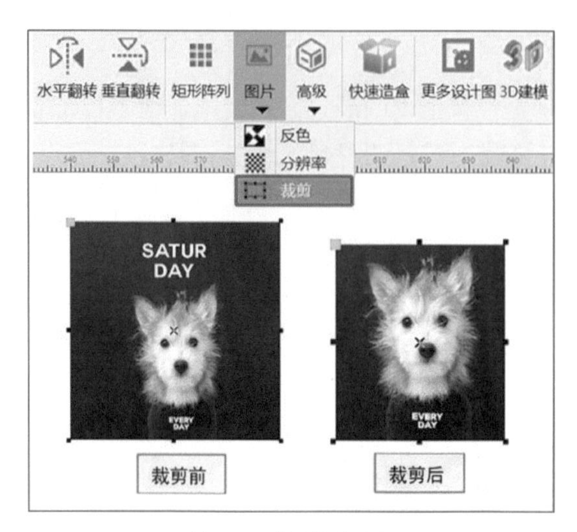

图3.28 剪裁前后对比

（5）“快速造盒”按钮

“快速造盒”按钮是框架化的模板功能，用于自动生成自定义大小的盒子设计图。单击“快速造盒”按钮，进入“快速造盒”对话框，如图 3.29 所示，可对盒子的宽度、高度、深度进行设置，对材料的厚度、凹槽大小、激光补偿值等进行调整，最后单击“创建盒子”按钮，盒子图形即会出现在绘图区内，如图 3.30 所示。

快速造盒功能的设计，为初学者简化了绘制过程，节省了设计和绘制榫卯结构的时间成本，提升了设计和制作效率。

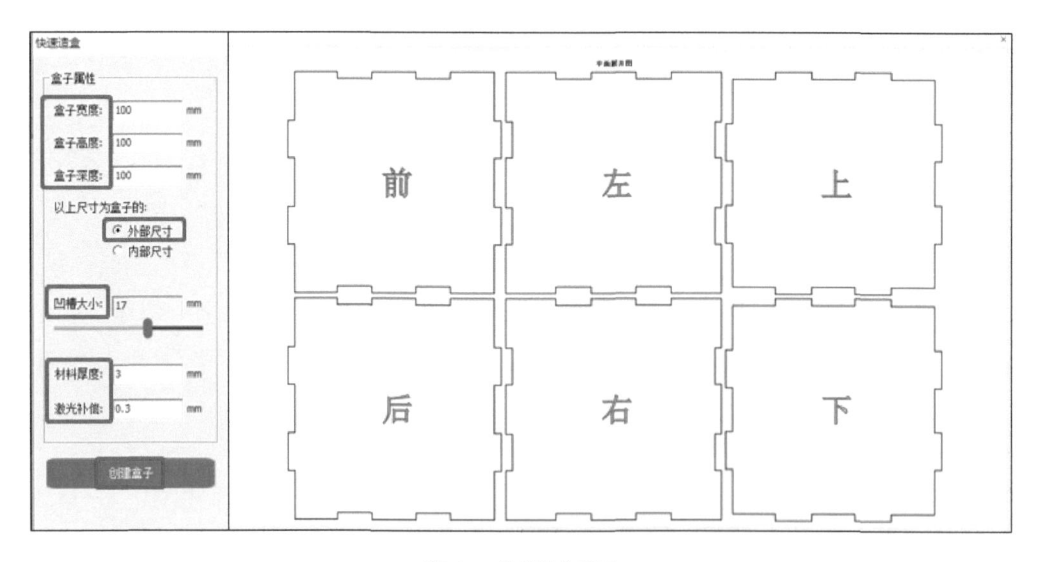

图3.29 快速造盒界面

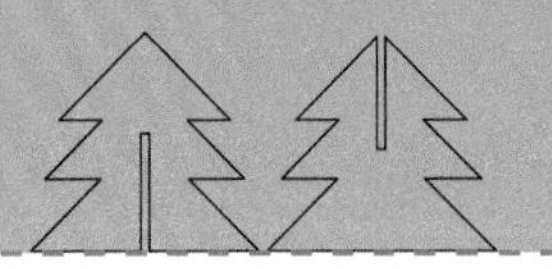

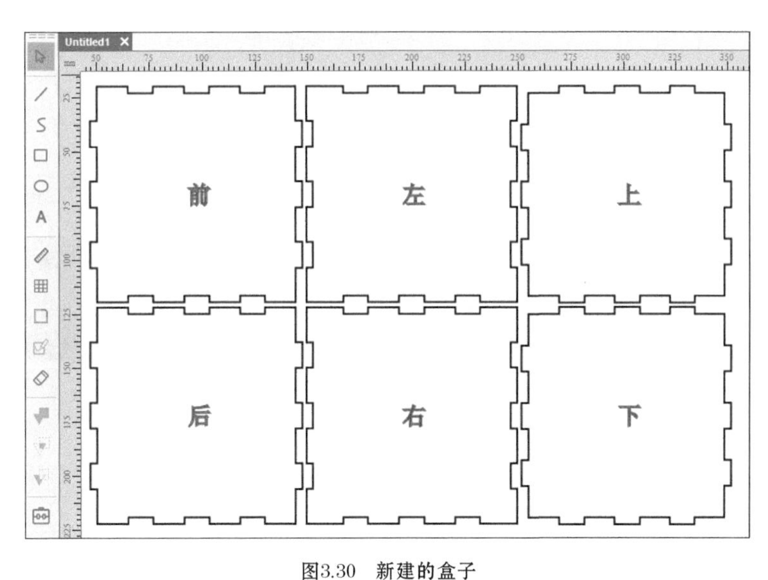

图3.30 新建的盒子

（6）外部社区链接

① “更多设计图”按钮

“更多设计图”按钮用于提供激光切割设计图链接，供设计者参考和下载，如图3.31所示。

图3.31 设计图下载页面

② “商城”按钮

单击“商城”按钮，即可跳转至网上商城，如图 3.32 所示。Laserblock 是由中国电子学会现代教育技术分会创客教育专家组负责设计和品牌运营。

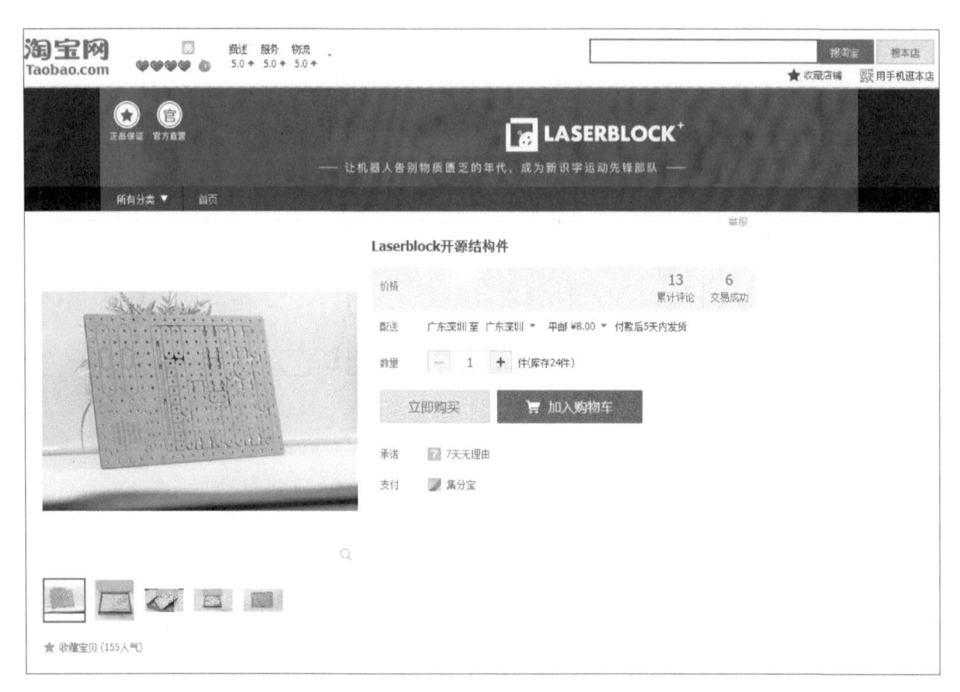

图3.32 网上商城售卖的Laserblock开源结构件

2．绘图箱的基本操作

绘图箱里主要放置了绘制图形的工具，包括基本图形绘制、文本编辑以及图形组合等工具。

（1）选择工具

选择工具用于选择、定位和变换对象。选中对象，拖曳鼠标可以将对象移动到任意位置。如图 3.33 所示，单击选择工具，将鼠标指针移动到图形边框，出现十字箭头时单击，拖曳鼠标可移动图形位置。

单击鼠标右键，弹出“撤销”“重做”“复制”“粘贴”和“删除”5 个选项，单击选项即可进行相应的操作，如图 3.34 所示。

（2）线段工具

线段工具用于绘制直线和折线，也可通过连接首尾线段绘制闭合图形。选择“绘制线段”单选项，将鼠标移动到绘图区空白处，拖曳鼠标即可绘制直线。按住 Ctrl 键即可绘制 90° 和 180° 折线，如图 3.35 所示。两点才能确定一条直线，所以单击鼠标右键即可结束绘制线段。选择“连接线段”单选项，先后单击断开的两个点，即可将断开的线连接在一起，如图 3.36 所示。

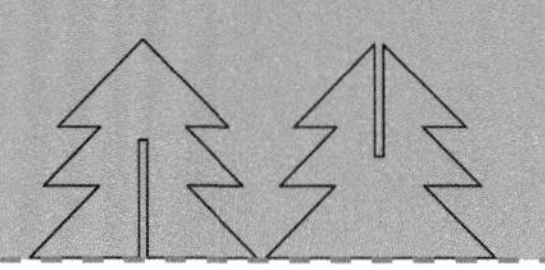

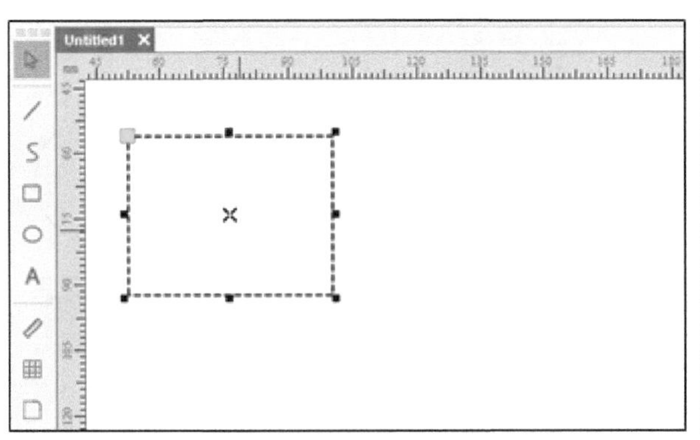

图3.33　拖曳图形

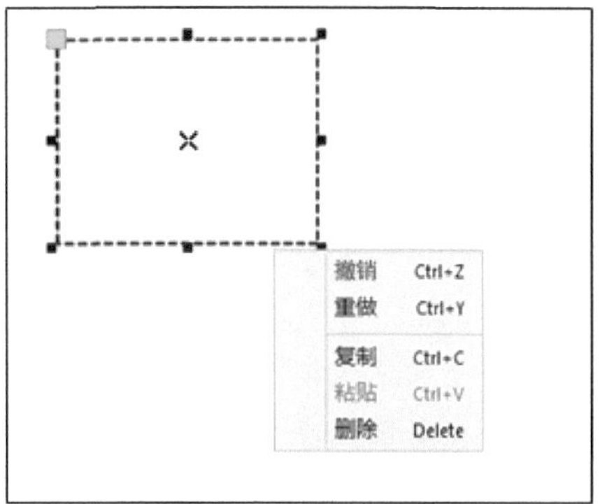

图3.34　右键菜单选项

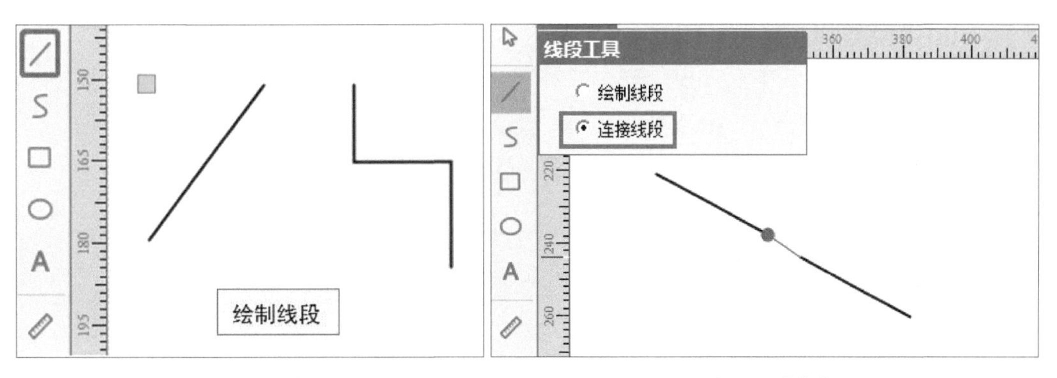

图3.35　绘制线段　　图3.36　连接线段

（3）B样条工具

B样条工具通过设置构成曲线形状的控制点来绘制曲线，而无须将其分割成多个线段。单击B样条工具，将鼠标指针移动到绘图区空白处，移动鼠标指针任意固定3个点即可绘制一条曲线，如图3.37所示，单击鼠标右键即可结束绘制。

（4）矩形工具

矩形工具主要用于绘制矩形。如图3.38所示，单击矩形工具，将鼠标指针移动到绘图区空白处，按住鼠标左键拖曳即可绘制任意大小的矩形。绘制时同时按住Ctrl键不放可绘制正方形。

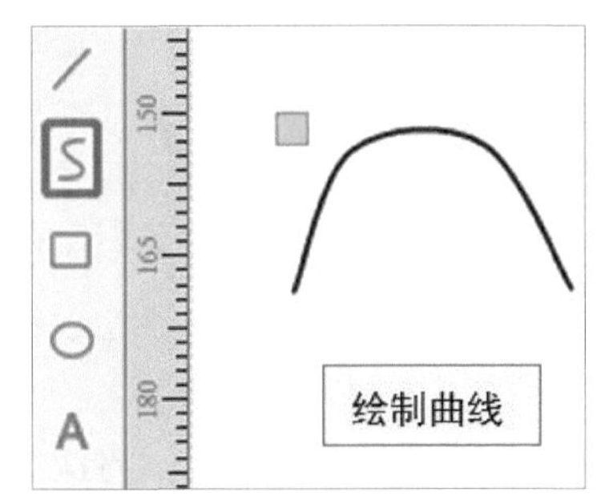

图3.37　绘制曲线

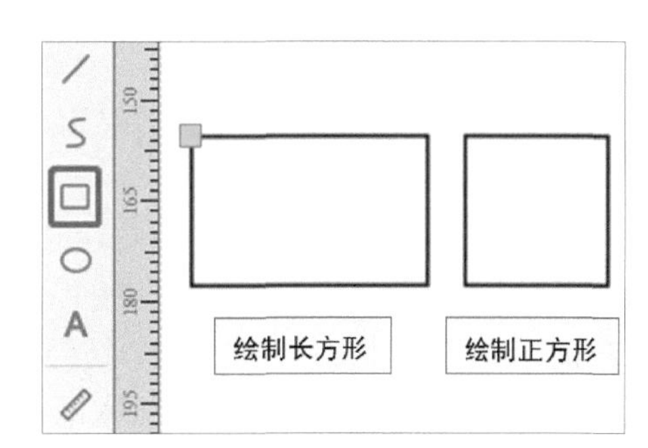

图3.38　绘制矩形

（5）椭圆形工具

椭圆形工具用于绘制椭圆形和圆形。如图 3.39 所示，单击椭圆形工具，将鼠标指针移动到绘图区空白处，按住鼠标左键拖曳即可绘制任意大小的椭圆形。绘制的同时按住 Ctrl 键不放可绘制圆形。

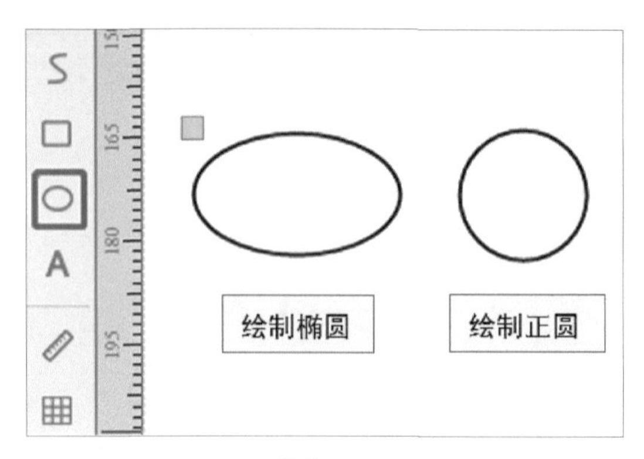

图3.39 绘制椭圆形和圆形

（6）文本工具

文本工具用于输入文本。如图 3.40 所示，单击文本工具，弹出“绘制文本”对话框，可在“字体”选项中选择字体样式，在“字号”处输入数值设定字体大小，在文本输入框中输入文本，单击“确定”按钮，即可将文本输出到绘图区。

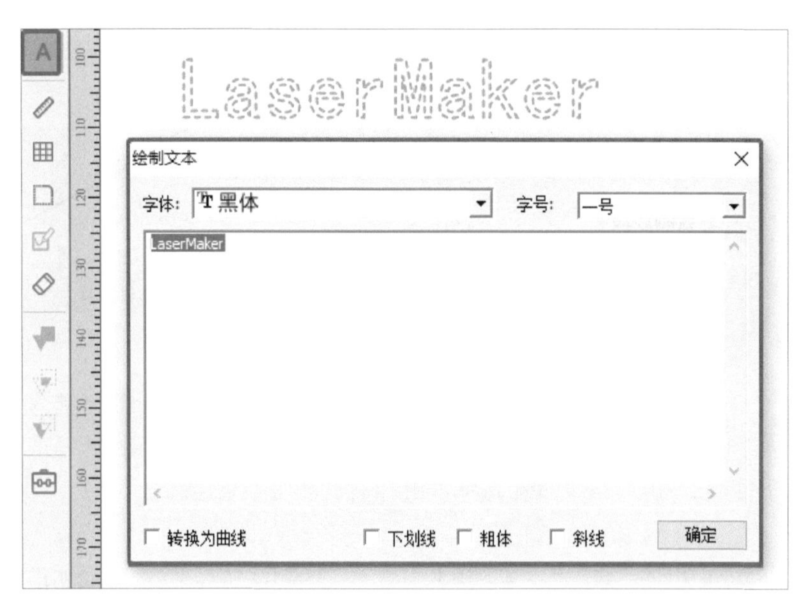

图3.40 输入文本

（7）测距工具

测距工具用于测量两点之间的距离。如图 3.41 所示，单击测距工具，将鼠标指针移动到绘图区空白处，单击确定要测量的起始点，移动鼠标至终点，即可显示两点之间的距离。

（8）网格工具

网格工具主要用于辅助绘制图形，每个小网格的边长为 10mm，网格大小也可以在用户参数里进行修改，且具有吸附功能，结合线段工具能够快捷方便地绘制各种多边形。如图 3.42 所示，单击网格工具，即可进入网格模式。在绘图完成后，建议再次单击网格工具，关闭网格模式。

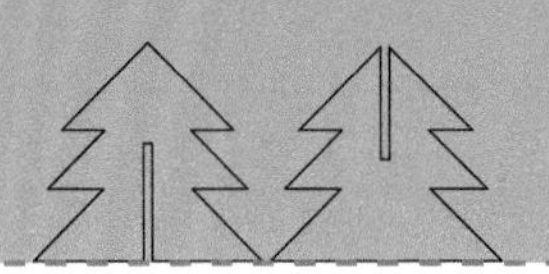

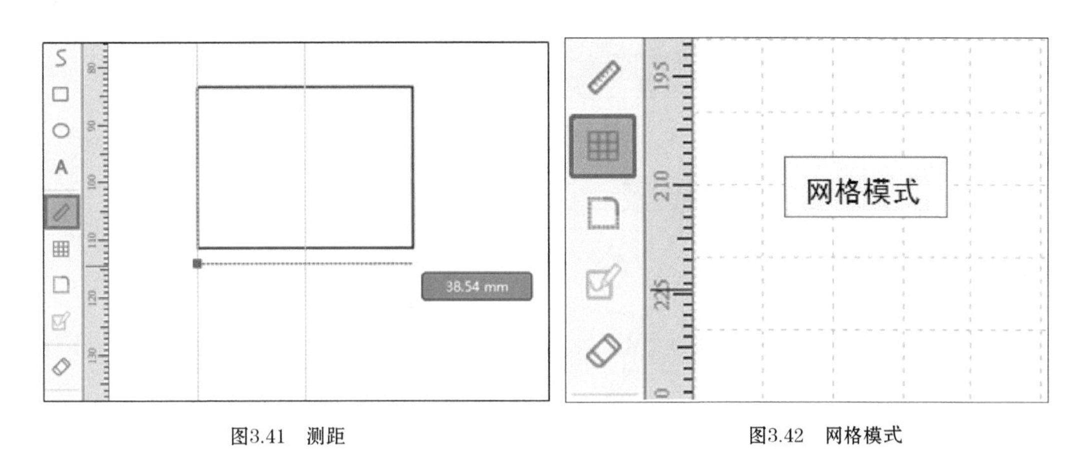

图3.41　测距　　　　图3.42　网格模式

（9）圆角工具

圆角工具用于将图形的锐角修改为圆角，且可以通过改变半径值来决定圆角的程度。如图 3.43 所示，单击圆角工具，弹出“圆角工具”对话框，在“半径”处输入对应的数值，将鼠标指针移动到矩形的右上角，单击即可将其变为圆角。

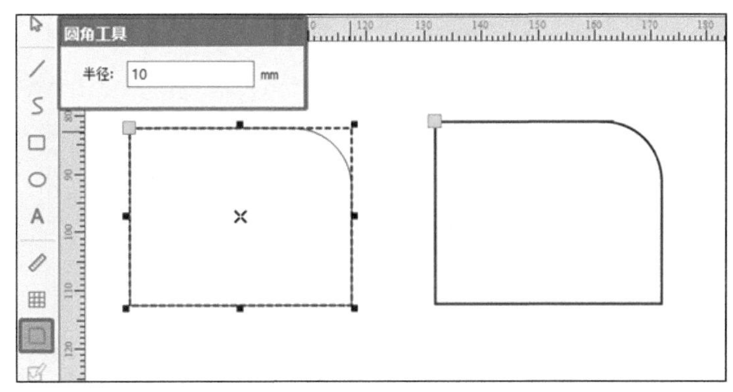

图3.43　锐角改为圆角

（10）轮廓描摹工具

轮廓描摹工具用于将位图的轮廓转换为矢量格式，相当于把图形轮廓提取出来。如图 3.44 所示，单击“打开”按钮，导入需要操作的图片，选中图片，单击轮廓描摹，然后不勾选工艺图层中位图图片所在图层的“输出”（即设置为不输出），也可直接把图片拖曳到其他空白绘图区或者直接删除，即可得到图片的轮廓。

（11）橡皮擦工具

橡皮擦工具用于擦除线段。此功能与轮廓描摹功能及连接段线功能结合，可以方便地绘制复杂图形。如图 3.45 所示，单击橡皮擦工具，弹出对话框，包括“擦除线段”和“橡皮擦”两个单选项。选择“擦除线段”单选项，将鼠标指针移至要擦除的对象，双击即可擦除整条线段；选择“橡皮擦”单选项，在输入框中输入需擦除的线段长度，将鼠标指针移至需擦除的对象，单击与橡皮擦十字线重叠的线段，即可擦除线段。

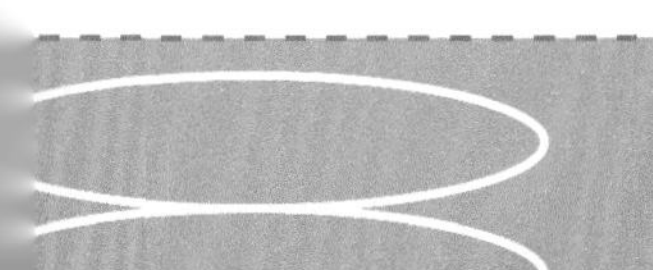

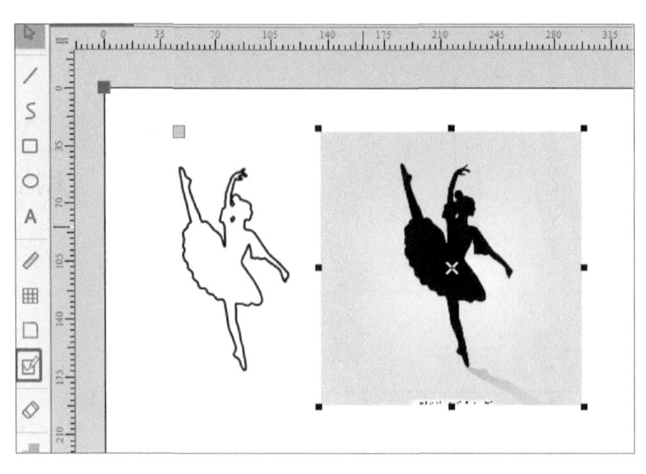

图3.44　轮廓描摹

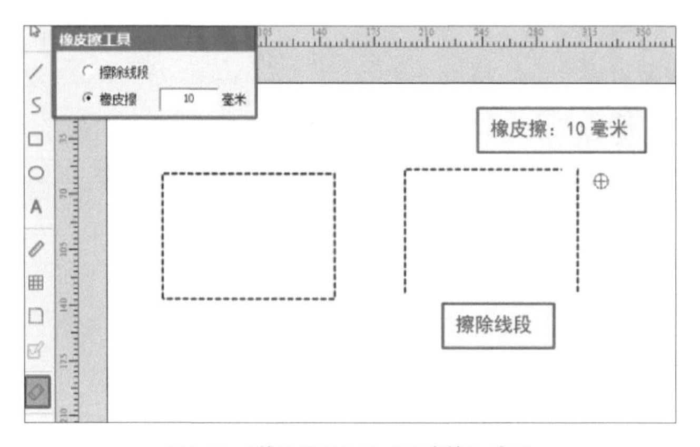

图3.45　“擦除线段”和“橡皮擦”选项

（12）并集工具[1]

并集工具用于将两个或更多个图形合并成单一轮廓的图形。如图 3.46 所示，同时选中两个图形，单击并集工具，即可将重叠部分消除，合并成一个新的图形。

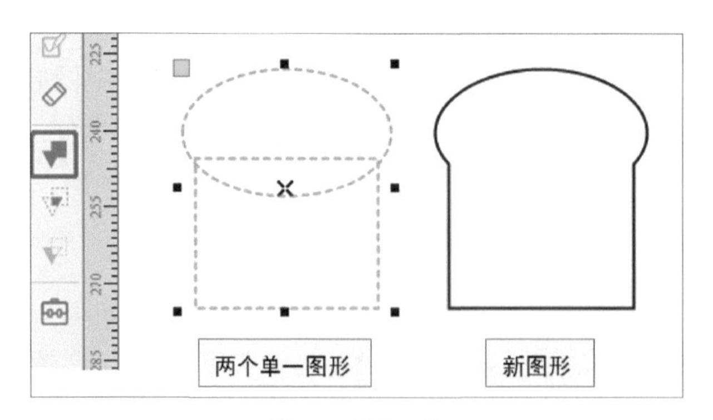

图3.46　并集工具

① 并集、交集、差集是数学组合的概念，在本软件应用中，具体体现在图形组合加工上。

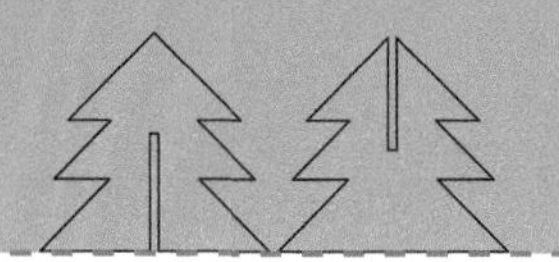

（13）交集工具

交集工具用于保留两个或更多个图形相交的部分，从而获得新的图形。如图 3.47 所示，选中两个图形，单击交集工具，即可得到两个图形相交的部分。

（14）差集工具

差集工具可使用其他图形将与本图形重叠的部分切除。如图 3.48 所示，选中用来差集的其他图形，单击差集工具，即可将重叠部分去除，得到新的图形。注意，与并集和交集运算不同的是，不可同时使用两个其他图形对本图形进行差集，须先与其中一个图形进行差集，再与另一个图形进行差集。

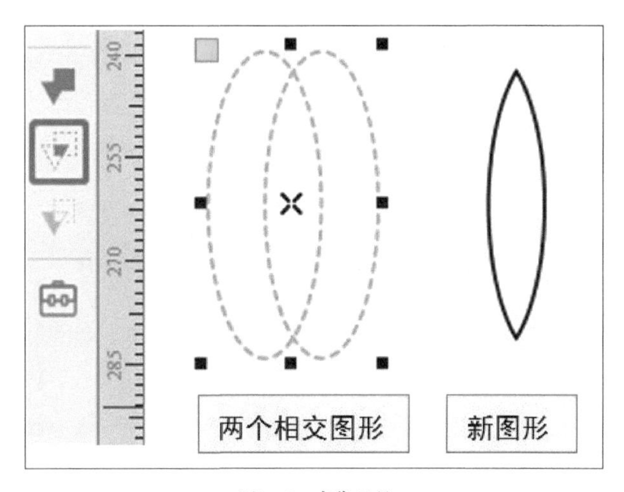

图3.47　交集工具

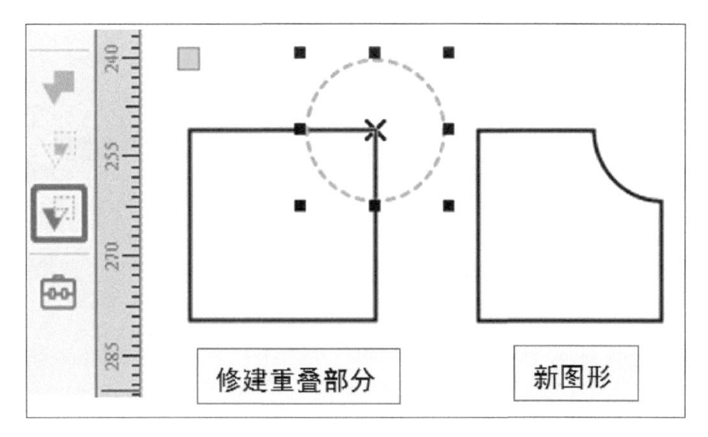

图3.48　差集工具

3．图层色板和加工面板的基本操作

（1）图层色板

图形绘制完毕后，选中一个对象可设置参数，参数设置分为 3 步：一是为对象选中

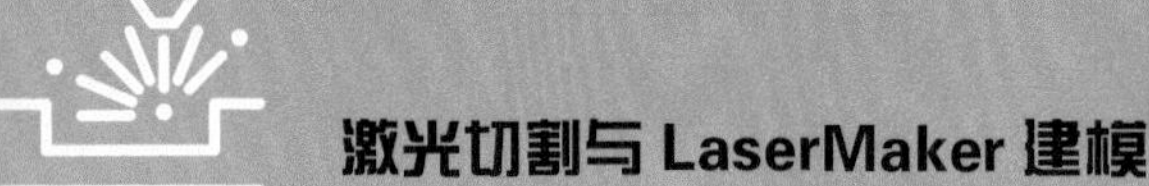

固定颜色，代表不同加工工艺，区分彼此；二是双击对象的工艺图层，设置加工参数，包括材料、加工工艺和加工厚度；三是调整加工工艺的顺序。

首先在工艺图层的色标中任选一个颜色代表一个加工工艺。本软件默认设定黑色代表“切割“工艺、红色代表“描线”工艺、黄色代表“浅雕”工艺、蓝色代表“深雕”工艺，如图 3.49 所示。

接着，双击对象加工工艺图层，弹出“加工参数”对话框，首先选择加工的材料，再选择加工工艺，最后选择加工厚度。受到材料的自然属性的限制，并不是所有的材料都可以进行 4 种工艺的加工，例如纸张就不能进行深雕刻，镀膜金属就不能进行切割，布料只能进行切割等。如图 3.50 所示，双击黑色对象，设置加工材料为椴木胶合板、加工工艺为切割、加工厚度为 3mm。如果需要修改加工的速度与功率，可以双击“加工厚度”里选中的厚度值，在弹出的“切割参数”对话框中修改“速度”“功率”“转角功率”等具体参数值。

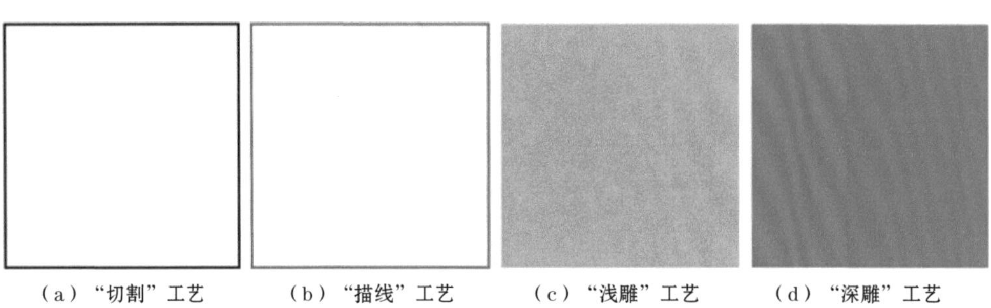

（a）“切割”工艺　（b）“描线”工艺　（c）“浅雕”工艺　（d）“深雕”工艺

图3.49　一个颜色代表一个加工工艺

加工工艺	速度	功率	输出
切割	40.0	70.0	☑
描线	200.0	7.0	☑
浅雕	500.0	12.0	☑
深雕	500.0	40.0	☑

双击黑色对象的参数栏

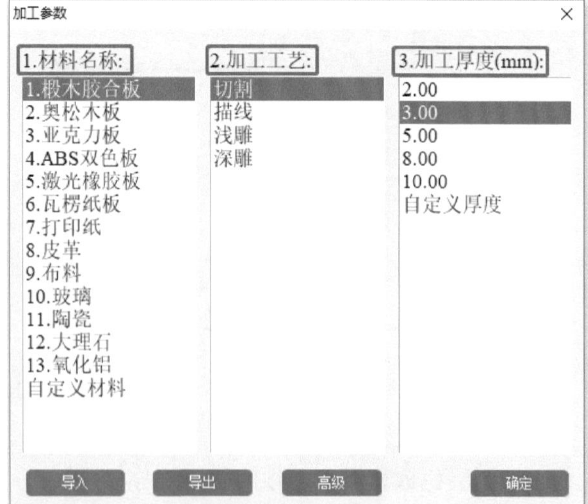

图3.50　加工参数

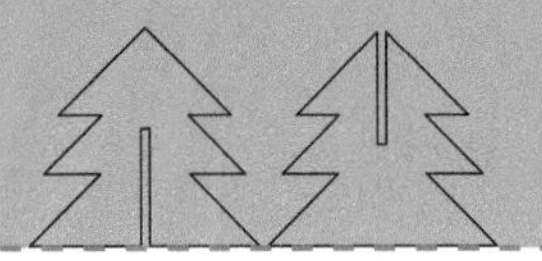

最后，按雕刻工艺在前、切割工艺在后的加工顺序，按住对象参数栏不放，把 4 个对象的加工顺序上下移动进行排列，依次是深雕、浅雕、描线和切割，如图 3.51 所示。

加工工艺	速度	功率	输出
深雕	500.0	40.0	☑
浅雕	500.0	12.0	☑
描线	200.0	7.0	☑
切割	40.0	70.0	☑

图3.51　加工对象各工艺图层的参数和顺序

（2）激光造物面板

激光造物面板区，有“模拟造物”和“开始造物”2 个按钮，会显示连接方式和状态。如图 3.52 所示，单击“模拟造物”按钮进入模拟造物的预览窗口，可以预览激光切割机加工的过程及作品加工的效果；单击“开始造物”按钮，可以将设计图文件传输到机器，机器就会根据设计图的参数设置进行加工。这里需要注意的是，只有在通信状态显示为连接状态时，才能单击“开始造物”。

图3.52　激光造物操作

在完成对象参数设置（见图 3.53）后，单击“模拟造物”，进入“模拟造物”对话框，单击“开始”按钮，可预览造物过程，也可直接将模拟造物的“进度”移至 100，即可直接预览最终造物效果，如图 3.54 所示。

加工工艺	速度	功率	输出
浅雕	500.0	12.0	☑
切割	40.0	70.0	☑

图3.53　对象参数设置

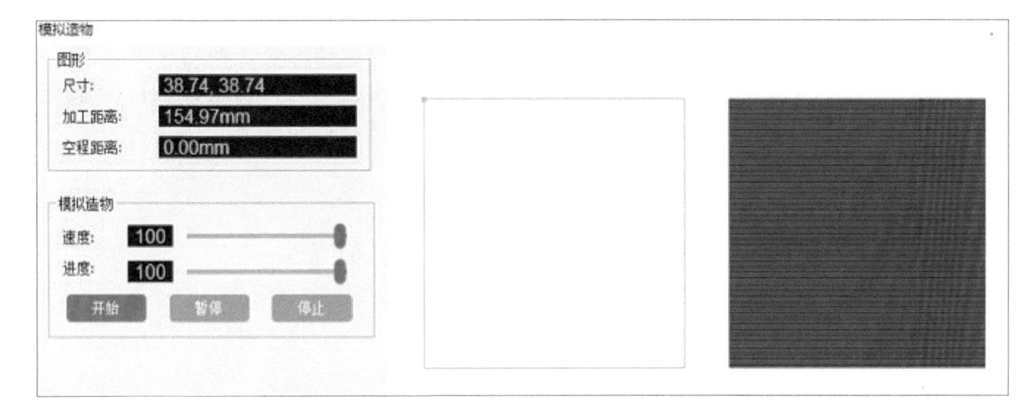

图3.54　预览最终效果

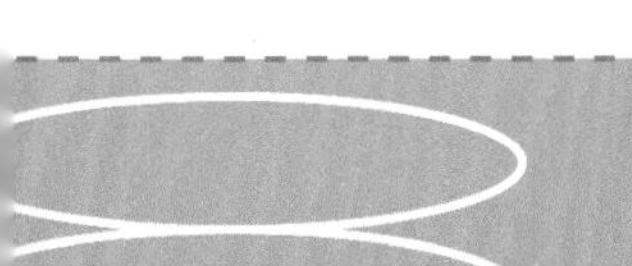

3.2 掌握 LaserMaker 的绘图方法

计算机可根据二维几何模型生成相应的数字化图形，称为二维图形建模（2D modeling）。根据成图原理和绘制方法的不同，所有图形都可以归入两类构图方法：用数学的方法绘制出的矢量图形和基于屏幕上的像素来绘制的位图图形。这些图形通常由点、线、面等几何元素和灰度、线型、线宽等非几何属性组成。

LaserMaker 可以绘制简单图形，例如运用矩形工具绘制长方形和正方形，利用线段和网格工具可以绘制等腰三角形；可以单击文本工具输入文本并选定字体、设置字体大小；也可以利用圆角化、并集、差集等功能绘制自己想要的图形，还可用 B 样条工具、轮廓描摹工具和橡皮擦工具绘制曲线；还能调整图形的位置、大小、方向。

LaserMaker 还能快速绘制图形阵列，例如需要绘制多个相同的图形时，可以直接使用矩形阵列工具按钮，通过设置图形个数、排形方式，复制多个形状相同、大小相同的图形；当需要制作六面体模型时，可以直接使用工具栏上的“快速造盒”功能，生成带有榫卯结构、可嵌接的盒子。

知识卡片

1. 布尔运算

布尔运算是数字符号化的逻辑推演法，包括并集、交集、差集等运算。在图形处理操作中引用这种逻辑运算方法可以使简单的基本图形组合产生新的形体，并由二维图形的布尔运算发展到三维图形的布尔运算。在计算机图形学中运用布尔运算，可以产生切除、连接、移除内部等效果。

2. 榫卯结构

榫卯是在两个木构件上所采用的一种凹凸结合的连接方式。凸出部分叫榫（榫头），凹进部分叫卯（或称为榫眼、卯槽），榫和卯咬合，起到连接作用。榫卯结构是中国古代建筑、家具及其他木制器械的主要结构，虽然每个构件都比较单薄，但是榫卯结构互相结合支撑，整体上能承受巨大的压力，是我国木工艺术的卓绝工艺。

LaserMaker 绘图制作简易、便捷，主要有以下几方面功能：

- 简单图形绘制；
- 复杂图形（组合图形与阵列）处理；
- 文本输入及编辑；
- 造物图形模板应用（例如“快速造盒”）；

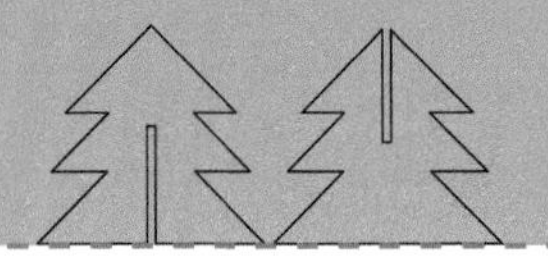

- 位图转化为矢量图；
- 图形素材定义、调用及属性编辑。

3.2.1　简单图形绘制

1．几何图形绘制

LaserMaker 设计中的所有元素构成都源于基本的几何图形，几何图形是激光切割建模的基本元素，掌握几何图形的绘制是激光切割建模中的基本要求。以下是 3 种常用的几何图形绘制方法。

（1）直接使用矩形工具、椭圆形工具可以绘制长方形、正方形、椭圆形、圆形等，如图 3.55 所示。

（2）使用线段工具和网格工具，可以绘制三角形、平行四边形、梯形等多边形，如图 3.56 所示。

（3）在 LaserMaker 本地图库中的“常用图形”分库中直接选取图形，如图 3.57 所示。

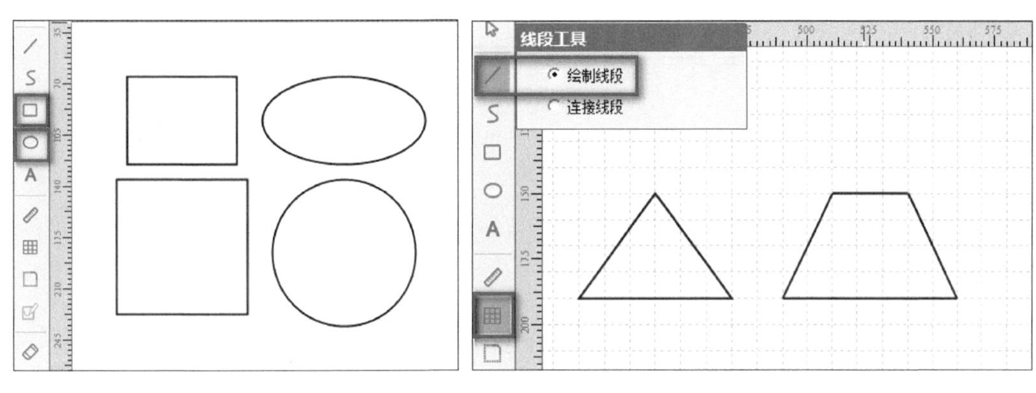

图3.55　绘制简单图形　　　图3.56　使用线段工具和网格工具绘制多边形

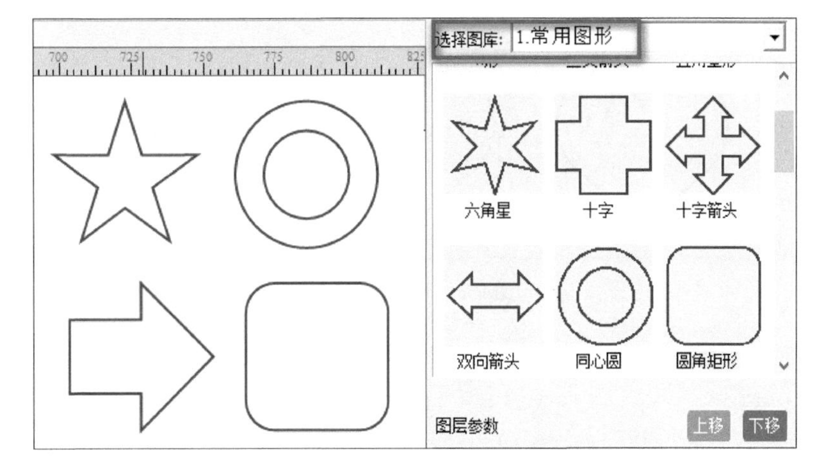

图3.57　在“常用图形”分库中选取图形

2．简单图形编辑

在 LaserMaker 绘制图形后，还涉及对图形的基本编辑，包括调整尺寸、调整方向、图形的排列等。

（1）调整图形尺寸

调整图形的尺寸有两种方法：一种是可以在宽、高相应框内直接修改数值；另一种是在相应的百分比框内修改百分比数值，如图 3.58 所示。其中锁定等比，就意味着图形的高和宽是统一调整的，可以防止图形变形，例如正方形变成长方形。

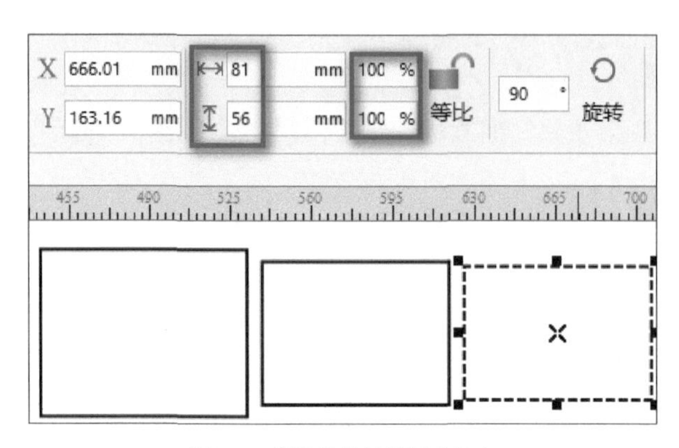

图3.58　修改数值调整图形尺寸

（2）调整图形方向

调整图形的方向有下面 4 种方法。

① 直接选择“水平翻转”。

② 直接选择“垂直翻转”。

③ 任意角度旋转：在对应的框内输入任意数值进行旋转。

④ 双击图形旋转：双击图形，把鼠标放在箭头上进行旋转，绘图区会显示旋转角度，旋转到相应角度，松开鼠标即可，如图 3.59 所示。

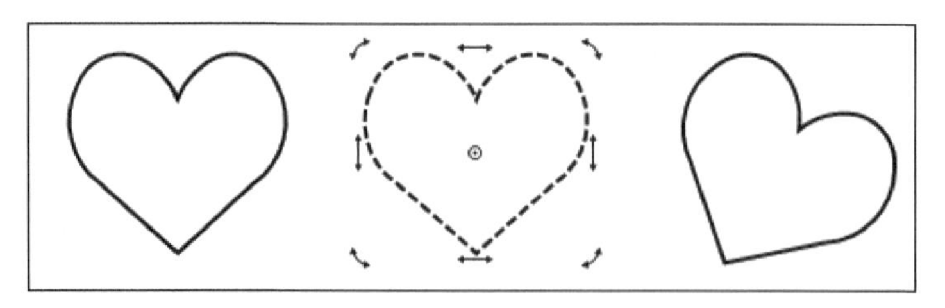

图3.59　调整图形方向

（3）多个图形的排列对齐

在建模过程中，对以下情况需要考虑对图形排列对齐。

① 在同一个页面绘制了多个图形，为了减少对空间和材料的浪费，会进行图形的排列。

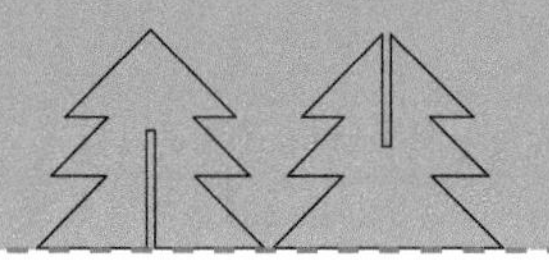

② 需要对图形进行布尔运算，图形的对齐只是第一步。

对齐的参考线有中心对齐、上下左右对齐、对角线对齐等，两个图形对齐的部分，会出现萤光绿色的线条。

例如，水平对齐时，先选中椭圆形，然后长按鼠标左键拖曳到与矩形水平对齐，对齐后会有荧光绿的线条出现，如图 3.60 所示。

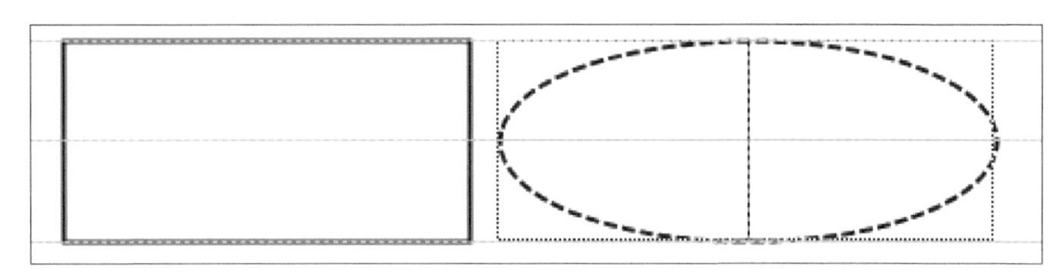

图3.60 排列对齐图形

3.2.2 复杂图形（组合图形与阵列）处理

1. 组合图形处理

在 LaserMaker 中，复杂图形都是由简单图形通过并集、交集与差集功能组合而成的，一个非基本图形的设计图纸往往需要在简单图形的基础上通过圆角化、B 样条工具、编辑绘制形成的。

- 并集：将两个或更多个图形相交的部分删除，多个图形被合并成为单一轮廓的图形。
- 交集：将两个或更多个图形相交的部分保留，其他部分删除。
- 差集：使用其他图形将与本图形重叠的部分删除掉。
- 圆角化：让图形的边角更加柔和。
- B 样条工具：绘制出更多柔性、圆润的线段、图形。

图 3.61 所示的大黄蜂设计图，就是在 LaserMaker 里用简单图形通过并集、差集等功能的组合绘制的。

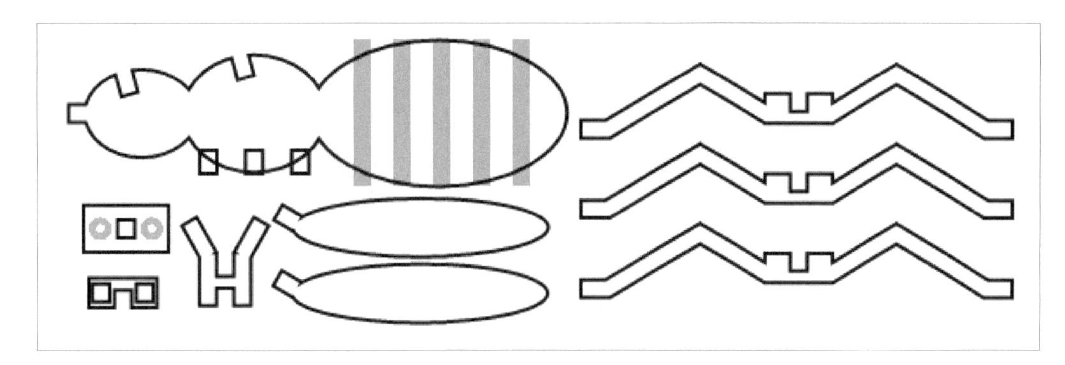

图3.61 大黄蜂设计图

图 3.62 所示的门牌以圆角化的矩形作为门牌的外形轮廓，作品看起来更加柔和。

图 3.63 所示的兔子耳朵是先用 B 样条工具绘制出耳朵的形状，然后用并集功能把耳朵组合到兔子头上形成的。

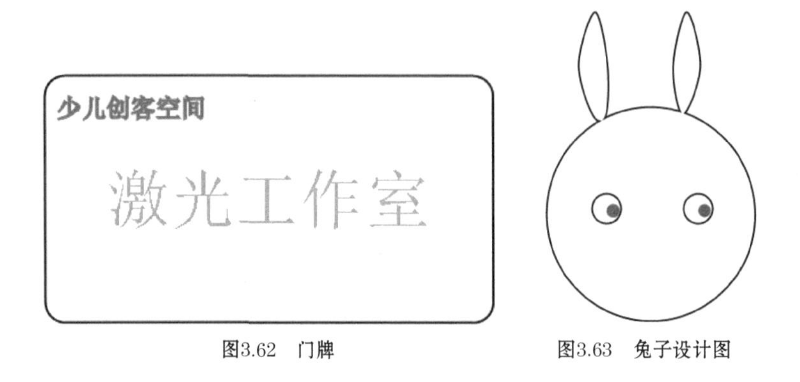

图3.62 门牌

图3.63 兔子设计图

2．矩形阵列

阵列是指排成行和列的数学元素的排列，在绘图软件中，阵列命令是用来快速、准确地复制一个对象的命令，它可以根据对行数、列数、中心点的设定来将物体进行摆放和排布。

矩形阵列常常用于多个部件的快速建模，例如图 3.64 所示的大卡车设计图，可用矩形阵列来快速复制轮胎；图 3.65 所示的直尺设计图中，可用矩形阵列来快速复制刻度。

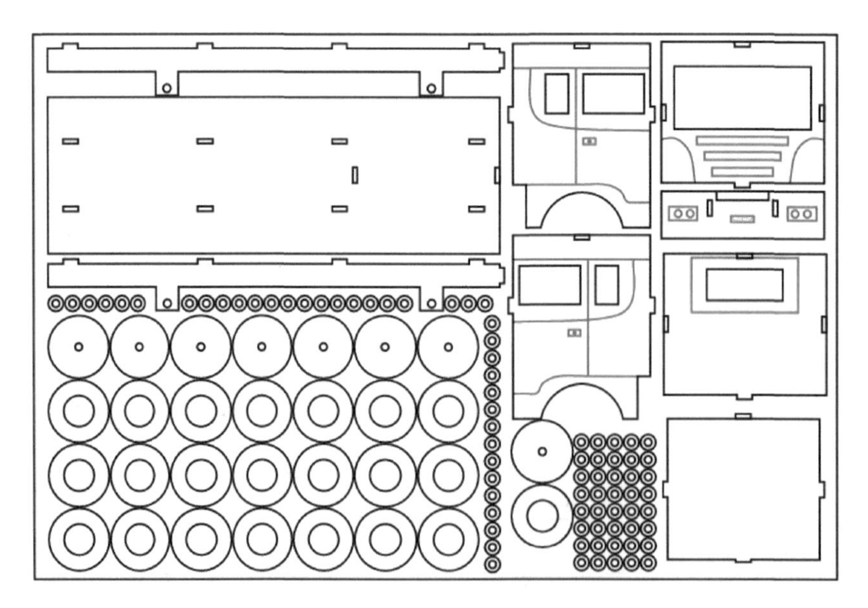

图3.64 大卡车设计图

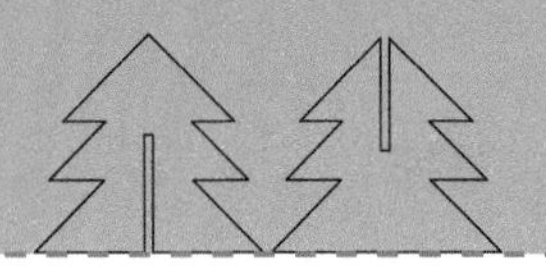

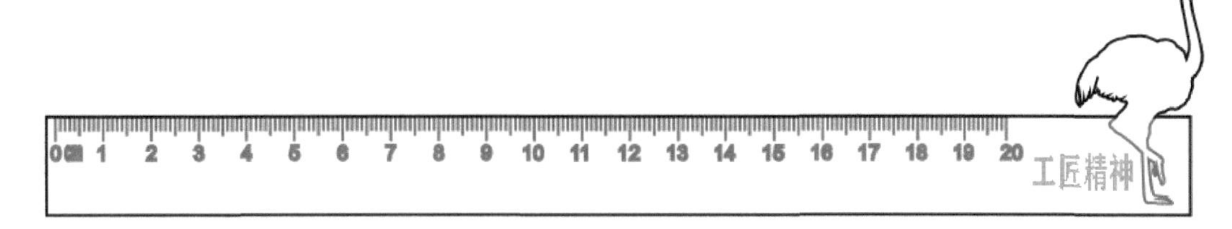

图3.65 直尺设计图

3.2.3 文本输入及编辑

LaserMaker 除了可以进行图形设计，还可以设计其他的重要构成要素，如文字、图片等，文字既可以作为切割雕刻的主体，例如切割或雕刻胸牌；也可作为图形中的点缀元素，例如在手环中增加文字元素，增强设计感，如图 3.66 所示。

图3.66 雕刻文字

3.2.4 图形模板的应用

1．快速造盒

在 LaserMaker 中绘制盒子，主要有两种方法：一种是使用矩形工具以及并集、差集等功能绘制带有榫卯结构的盒子，如图 3.67 所示。

另一种更简便和快速的方法则是利用“快速造盒”功能，只需要输入盒子的参数，就能即刻生成盒子。这种快速设计盒子的方法可以为用户节约大量的时间。

图 3.68 所示的小台灯灯罩就是用“快速造盒”功能建模的。

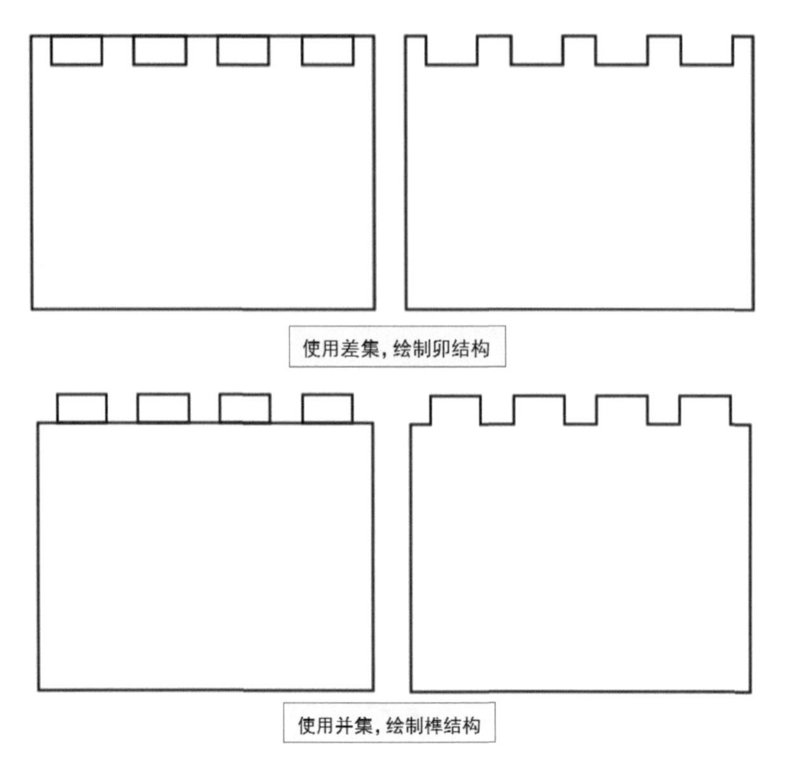

图3.67　使用矩形工具和布尔运算绘制盒子

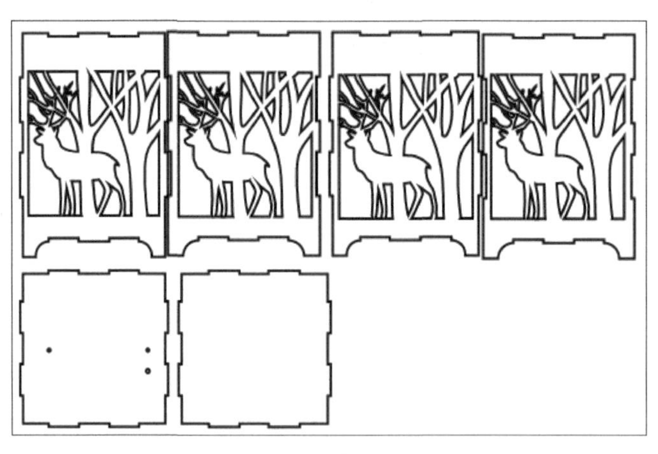

图3.68　小台灯灯罩

3.2.5　将位图转化为矢量图

有时候我们需要把一张图片的轮廓切割出来或者使用描线的加工方式进行绘制，但是图片格式只能用于雕刻的加工工艺，这时候我们就需要利用 LaserMaker 的几个便捷

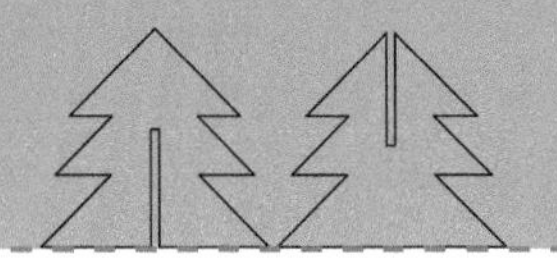

功能将图片快速转化为矢量图。

在LaserMaker中把位图转换成矢量图，一般需要配合使用“轮廓描摹”“橡皮擦”“线段”这3个工具。如图3.69所示，左边是导入的一张画眉鸟的位图，先用“轮廓描摹”工具提取画眉鸟的轮廓，接着使用橡皮擦工具擦掉一些不需要的线段，再用“线段”工具把缺失的轮廓描摹出来。经过这样的一系列处理，位图的转换更加精细。

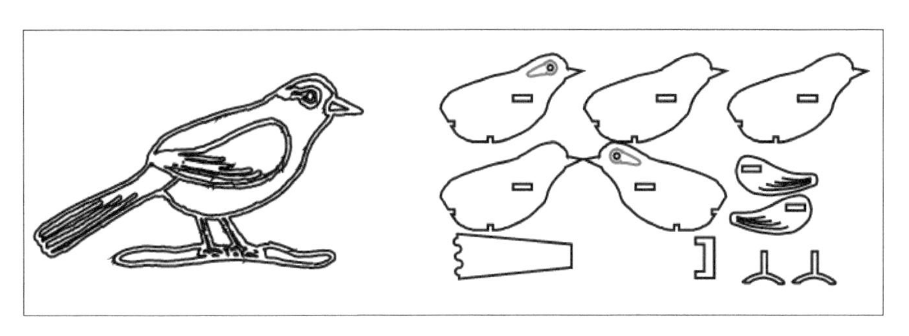

图3.69 画眉鸟设计图

3.2.6 图形素材的定义、调用及属性编辑

图库面板里的图库素材，可用于辅助使用者更高效地绘制图形。图库素材包括常用图形、动物图形、通用素材、机械结构、精彩创意、乐造模块、乐造母版、自定义图库和开源硬件9个分库，每个分库有相对常用的设计图。如图3.70所示，将鼠标指针移至“选择图库”，单击下拉选项，选择自己需要的分库，在分库中选中设计图，按住鼠标左键不放，拖曳至绘图区空白处，即可将图库素材添加到了绘图区。

设计者对图库素材进行二次改良后，也可将其保存到自定义图库，作为自己设计的常用图库素材。

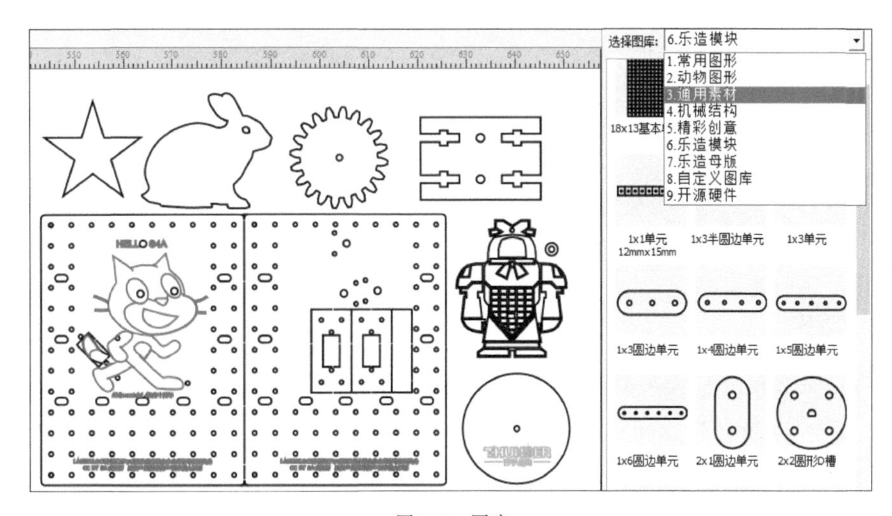

图3.70 图库

3.3 认识激光切割工艺

工艺，也被称为“做工的艺术”。激光切割工艺，足以吸引我们一探究竟。不同的制造技术有不同的工艺表现，在本书中，我们把激光切割加工工艺分为 4 种，分别是“描线”“切割”“浅雕”“深雕”。

3.3.1 激光加工工艺概述

工艺是指劳动者利用各类生产工具对各种原材料、半成品进行加工或处理，最终使之成为成品的方法、流程和技艺。无论是工厂制造还是 DIY，设备生产能力、产品精度以及制作方法、熟练程度等因素都大不相同 。对于同一种产品而言，同一批次的工厂制造产品，由于工艺相同，产品的同质度、一致性较高。不同的工厂制定的工艺可能是不同的，同一个工厂在不同时期制定的工艺也有可能不同。对于 DIY，如果从小批量量产的角度看，也要制定工艺规则使产品质量保持一致；如果从个性化定制的需求看，其工艺规则需要更多样化和精细化。制定工艺的原则是：技术上先进和经济上合理。

目前，激光加工技术在教育行业的应用主要有激光切割和激光雕刻两种。

激光切割模式指的是激光头沿着矢量图的路径移动，激光器发射的激光束从激光头射出，随移动路径照射工件，使被照射的材料迅速被熔化、汽化，同时借助与光束同轴的高速气流吹除熔化或汽化的物质，形成切缝，产生切断的结果或者切出痕迹。只有矢量图才能使用切割模式。根据不同参数设置，本书将切割模式细分为两种工艺：“描线”和“切割”。

激光雕刻模式的工作原理类似打印机，激光头左右摆动，在工艺模式的设置（功率、速度等参数以及是否吹气等）的综合作用下，使激光束雕刻出一条由一系列点组成的线。激光头按设计图纸反复移动，雕刻出多条线，最后构成整版的图像或文字。矢量图和位图都能使用雕刻模式。根据不同参数设置，本书将雕刻模式细节为两种工艺：“浅雕”和“深雕”。

3.3.2 4种激光加工工艺

1.“描线”

“描线”指的是通过设置较低功率、较高速度的参数，激光头工作时不会将加工材料切断，只是在工件材料表面烧蚀出一些痕迹，效果犹如用画笔在工件材料表面画出线条，如图 3.71 和图 3.72 所示。

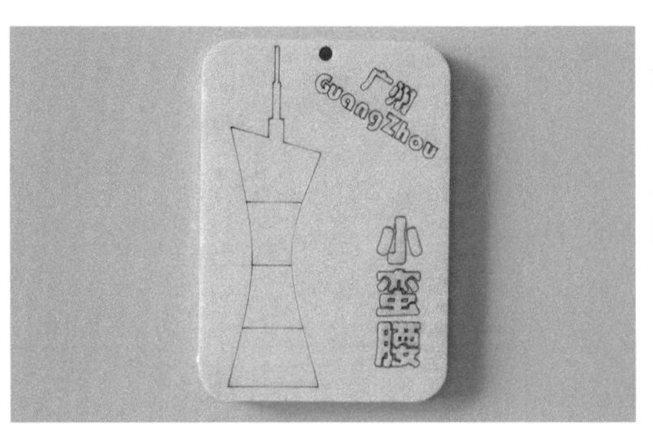

图3.71　用描线工艺制作的地标卡片

图3.72　用描线工艺制作的单车卡片

学习了激光切割机的描线工艺，你能完成以下任务吗？

（1）在软件里绘制一根直尺，依据使用的切割材料，设置相应的工艺模式，把直尺的刻度通过描线工艺切割出来。

（2）在软件里绘制一块奖牌，依据使用的切割材料，设置相应的工艺模式，把奖牌上的信息元素通过描线工艺切割出来。

2．“切割”

“切割”指的是通过设置较大功率、较低速度，激光头工作时将加工材料切断，效果仿如用利器将材料切开，如图3.73和图3.74所示。

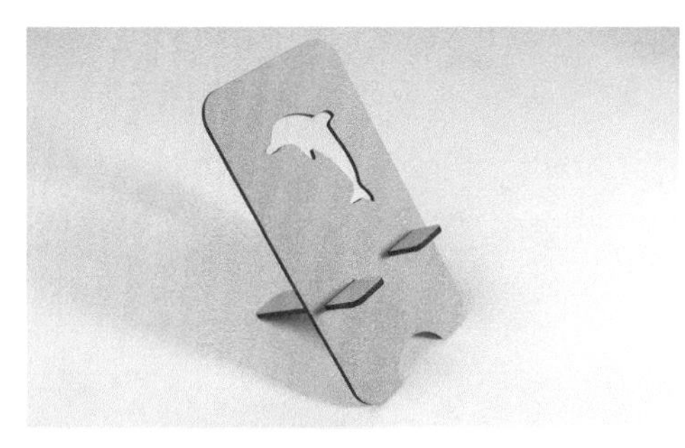
图3.73　用切割工艺制作的手机支架

图3.74 用切割工艺制作的笔筒

学习了激光切割机的切割工艺，你能完成以下任务吗？

（1）在软件里绘制一张简单拼图，依据使用的切割材料，设置相应的工艺模式，把拼图切割出来，然后将切割件拼接形成完整图案。

（2）在图库调用一些你感兴趣的图形素材，依据使用的切割材料，设置相应的工艺模式，把图形切割出来。

3. “浅雕”

浅雕指的是通过设置较小功率，激光头工作时在加工材料的表面刻出浅浅的图像或文字，如图 3.75 和图 3.76 所示。因为其效果和描线工艺的效果相近，所以在很多时候都用描线替代浅雕，因为描线的效率更高。

图3.75　用浅雕工艺创作的手机壳

图3.76　用浅雕工艺创作的纪念卡

学习了激光切割机的浅雕工艺，你能完成以下任务吗？

（1）导入一张你的照片，依据使用的雕刻材料，设置相应的工艺模式，雕刻出来。

（2）绘制一个图案，内容包括文字和图片，依据使用的雕刻材料，设置相应的工艺模式，文字采用描线工艺，图片采用浅雕工艺，将图案制作出来。

4. “深雕”

“深雕”指的是通过设置较大功率，激光头工作时使加工材料瞬间汽化并让其表面凹陷进去，让剩余部分形成凸起，拥有立体效果，效果像是木刻刀雕刻阳文印章。“深雕”通常用于雕刻印章，如图 3.77 和图 3.78 所示。

图3.77　用深雕工艺创作的活字印刷道具

图3.78　用深雕工艺创作的印章

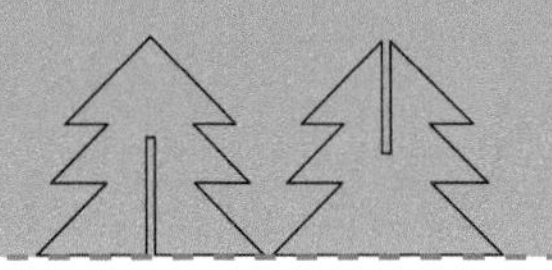

学习了激光切割机的深雕工艺，你能完成以下任务吗？

（1）把你的微信二维码导入到软件里，依据使用的雕刻材料，设置相应的工艺模式，将其雕刻出来。

（2）学习印章文化，在软件里绘制一枚属于你的印章，依据使用的雕刻材料，设置相应的工艺模式，将其雕刻出来。

3.3.3 激光工艺效果的影响因素

1. 影响切割效果的因素

（1）功率

功率是影响切割深度的重要因素。从图 3.79 中可以看出，恒定速度下，切割的深度会随着功率的加大而逐渐加深。功率越大，能量越高，切割越深；功率越小，能量越小，切割越浅。

（2）速度

从图 3.80 中可以看出，恒定功率，改变速度时，切割效果会随着速度的减慢而加深。速度越快，切割越浅，效率越高；速度越慢，切割越深，效率越低。因此，在保证材料被切透的目标要求下，建议尽量提高速度，提高效率。

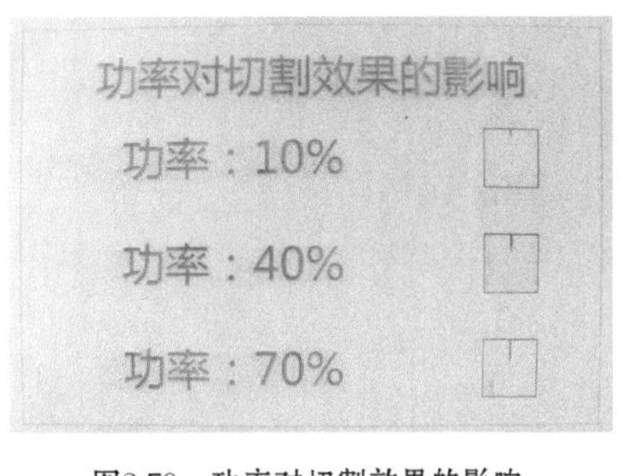

图3.79 功率对切割效果的影响

速度对切割效果的影响

速度：200mm/s

速度：50mm/s

速度：10mm/s

图3.80 速度对切割效果的影响

（3）吹气辅助

从图 3.81 中可以看出，强吹气和不吹气切割的效果最佳；弱吹气效果最差。在切割时，为了保护镜片、减少烟尘，一般选择强吹气切割。当然强吹气切割即便有很多的好处，但这并不代表切割所有的材料都要吹气，比如在切割亚克力板时，在保障安全的前提下（不吹气容易着火），不吹气的效果是更好的。

（4）焦距

从图 3.82 中可以看出，随着焦距的加大，切缝变得越来越宽，切割的深度则逐渐变小。以 80W 激光切割机为例，最佳切割焦距为 6mm，在这个焦距下，切缝是最细的；相同功率和相同速度下，切割的深度也是最深的。

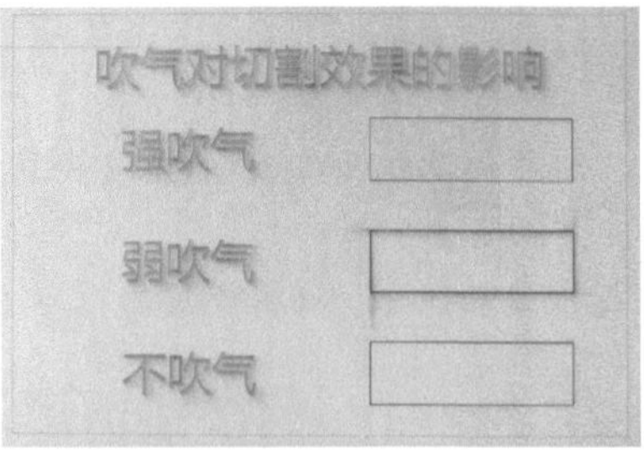

图3.81　吹气对切割效果的影响

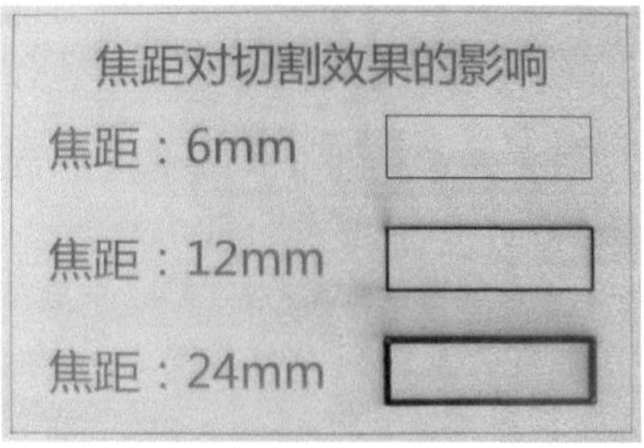

图3.82　焦距对切割效果的影响

2．影响雕刻效果的因素

（1）功率

从图 3.83 中可以看出，功率越大，能量越高，雕刻越深；反之，功率越小，能量越小，雕刻越浅。因此，在其他参数设置不变的情况下，功率的大小与激光的能量成正比，从而影响雕刻效果。

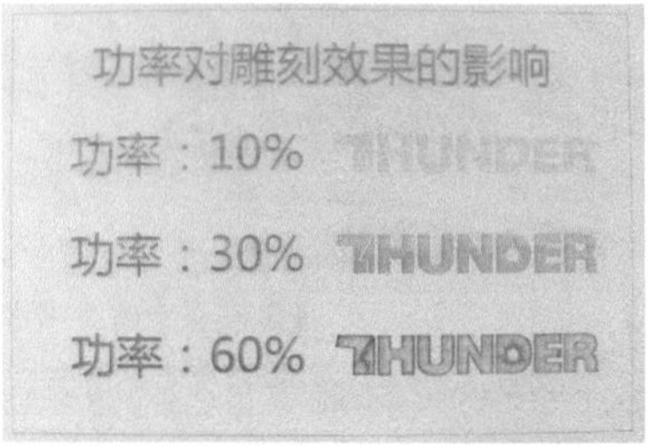

图3.83　功率对雕刻效果的影响

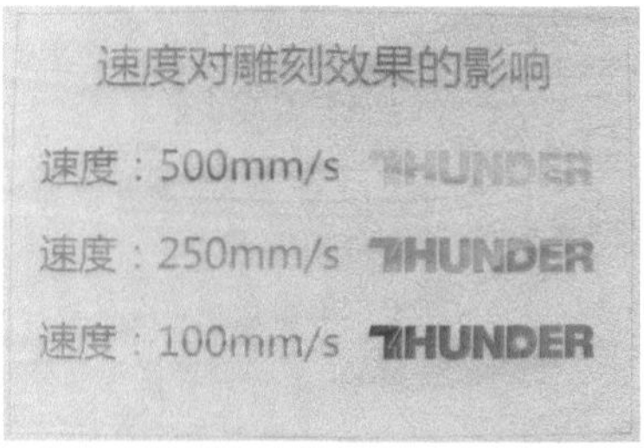

（2）速度

从图 3.84 中可以看出，速度越快，雕刻效果越浅，效率越高；反之，速度越慢，雕刻效果越深，效率越低。为了提高加工效率，建议将速度恒定在最高速。

图3.84　速度对雕刻效果的影响

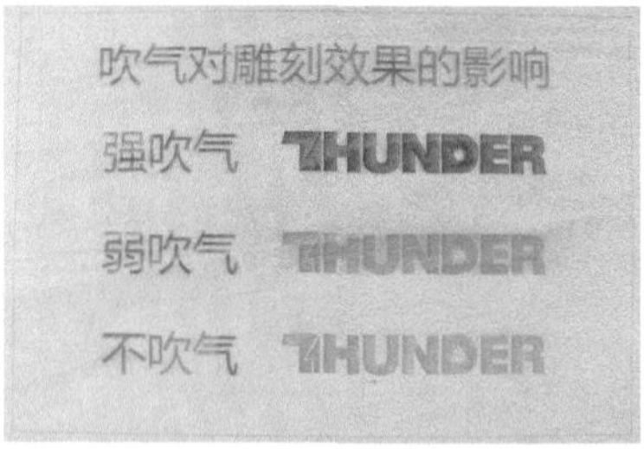

（3）吹气辅助

从图 3.85 中可以看出，不吹气时，文字边缘几乎不发黄；强吹气时文字边缘有点发黄；弱吹气时文字边缘发黄度最高。在一般情况下，为保护聚焦镜，建议在不影响雕刻效果的前提下选择吹气。由于在强吹气情况下，文字的颜色更深，一般建议选择强吹气。

图3.85　吹气对雕刻效果的影响

（4）分辨率

从图 3.86 中可以看出，随着分辨率的提高，雕刻效果越来越深。观察雕刻细节时会发现，分辨率设置得太小时，图片看起来是残缺的。因此，只有设置合适的分辨率，才能雕刻出最佳效果。

图3.86　分辨率对雕刻效果的影响

第 4 章　激光切割机的材料应用

提到材料，我们很自然地会想到金属、木材、塑料等材料，也会想到生活中各式物品的材料与它们的形态，建立材料质感与物品之间的感觉和想象。对于制造品的原材料，哪些材料适合用激光加工，哪些材料制作出来的物品的质感更贴合你的设计预期？在本章，我们需要对激光切割的材料建立一些认识。

4.1 概述

教育行业用的激光切割机一般是低功率的 CO_2 激光切割机，功率多为 60 ~ 150W，一般用于雕刻和切割非金属材料，不能加工金属材料。激光切割机可以雕刻和切割的材料，如表 4.1 所示，“√”代表可加工，“×”代表不可加工，“*”代表在添加特殊涂料后可加工。

表 4.1 激光切割机可以雕刻和切割的材料

材料	激光雕刻	激光切割
木材	√	√
亚克力板	√	√
竹板	√	√
POM	√	√
布料	√	√
皮革	√	√
ABS	√	√
PET	√	√
纸板	√	√
橡胶	√	√
塑料	√	√
泡棉	√	√
软木	√	√
可丽耐	√	√
阳极氧化铝	√	×
涂层金属	√	×
瓷砖	√	×
玻璃	√	×
陶瓷	√	×
大理石	√	×
不锈钢	*	×

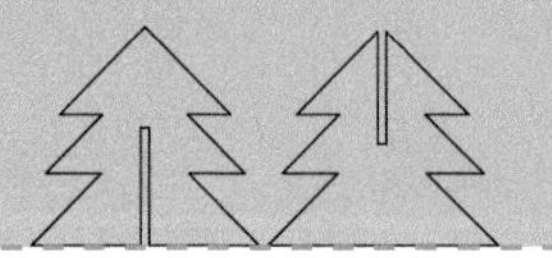

续表

材料	激光雕刻	激光切割
黄铜	*	×
钛	*	×
金属	*	×

4.2　常用切割材料介绍

4.2.1　椴木胶合板

1．概述

椴木胶合板是激光制造常用的材料之一，也称层压或工程木材，是由木段旋切成单板或由木方刨切成薄木，再用胶粘剂胶合而成的 3 层或多层的人造复合板材，它通常用奇数层单板，并使相邻层单板的纤维方向互相垂直胶合。椴木胶合板属于胶合木板的一种，不仅有胶合木板的优势，而且椴木呈黄白色，纹理通直，有柔软感，非常适合雕刻和切割，所以是激光制造中首选木制材料之一。

2．特点

- 幅面大，材质均匀，表面平整，易加工。
- 木性温和，不翘不裂，硬度适中，韧性强，不易变形。
- 价格实惠，木纹细腻，易上色。

3．椴木胶合板用于激光切割的优势

- 激光切割精度极高。
- 可雕刻高分辨率的图像和浮雕，效果精美。
- 切边无毛刺，无须再处理。
- 切边碳化现象低，效果好。
- 由于激光切割是非接触性的，减少了破损和浪费。

4．产品展示

椴木胶合板激光制造产品在生活中很常见，如学习用具、生活用品、模型、装饰品、儿童玩具、产品外壳等，如图 4.1 所示。Etsy 是一个网络商店平台，以手工艺成品买卖为主要特色，以上作品均是 Etsy 平台的激光加工工艺品。

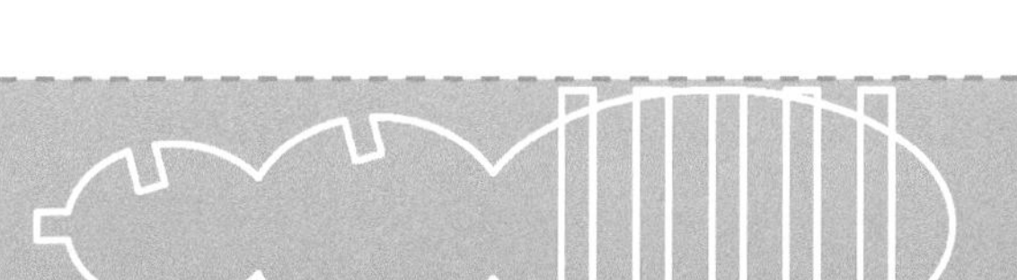

图4.1　椴木胶合板激光制造产品展示

4.2.2　奥松板

1．概述

密度板全称为密度纤维板，是以木质纤维或其他植物纤维为原料，经纤维制备，施加合成树脂，在加热、加压的条件下，压制成的板材，按密度可分为高密度纤维板、中密度纤维板和低密度纤维板。

奥松板属于一种进口的中密度纤维板，也叫澳洲松木板，原料为新西兰松原木，具有纤维细腻的特性，是自然与人工结合而成的较理想的板材。奥松板具有很强的硬度，且其切边碳化现象较低，非常适合用于激光切割，但由于奥松板被雕刻后颜色太淡，不够明显，不适合用作雕刻材料。

2．特点

- 幅面大，具有极好的同质结构和独特的强度及稳定性，不易发生形变，平整度高。
- 表面光滑，可以加工成精美、细致的产品。
- 平滑的表面易于油染、清理、着色、喷染及各种形式的镶嵌和覆盖。

3．奥松板用于激光切割的优势

- 激光切割精度高。

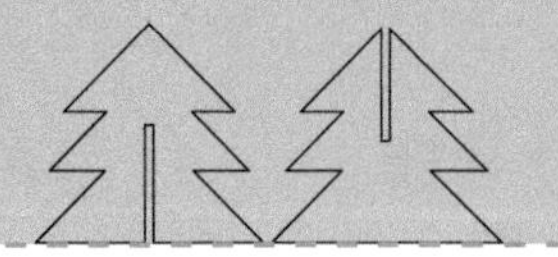

- 切边碳化现象低，效果好。
- 切边无毛刺，无须后续处理。
- 由于激光切割是非接触性的，减少了破损和浪费。

4. 产品展示

奥松板激光切割产品在生活中很常见，如时钟、拼图、杯垫、饰品、相框、家具、标牌、模型等，如图 4.2 所示。

图4.2 奥松板激光切割产品展示

椴木胶合板和奥松板都是激光切割制造中的常用木材，两者色泽相近，从制品看材料，容易混淆。从制造、使用上，它们有相同点和不同点。相同点是激光气化后气味小，价格亲民。不同点包括以下几方面。

（1）价格：两种材料均可在网上商城或本地建材市场购买，椴木胶合板比奥松板价格高一些。其中在网上商城上，尺寸为 1220mm × 2440mm 的奥松板，每块价格大约在 25 ~ 45 元，可与卖家协商，将板材切割成适合激光切割机工作台的幅面尺寸，便于寄送和收货搬运；椴木胶合板的规格则非常多，从 10mm × 10mm 到 900mm × 900mm 都有，一般 450mm × 450mm 大小的板材，每块价格大约在 25 ~ 65 元。

（2）加工效果：椴木胶合板相比奥松板材质更适合雕刻，雕刻效果更好。

（3）木材强度：奥松板强度更高，更适合制作模型等。

在激光切割制造中，由于每类作品对板材的要求不同，具体到作品，应该根据作品的结构、用途选择适合的板材。

4.2.3 亚克力板

1. 概述

亚克力，是音译，源自英文单词 acrylic，又叫 PMMA（Polymeric Methyl Methacrylate，聚甲基丙烯酸甲酯）板材或有机玻璃，是一种开发较早的重要可塑性高分子材料，也是

一种热塑性塑料。根据其透光率，亚克力板分为透明板、半透明板（染色透明板）和色板（黑白及彩色板）。亚克力非常漂亮，经常用于制作珠宝和工艺品，非常适合雕刻和切割，是激光制造首选材料之一。

2．特点

- 透明亚克力板具有水晶般的透明度，透光率在 92% 以上，光线柔和、视觉清晰，用染料着色的亚克力板有很好的展色效果。
- 亚克力板具有极佳的耐候性，以及较好的耐高温性能。
- 密度低，不易碎，即使被破坏，也不会形成锋利的碎片。
- 具有良好的适印性和喷涂性，采用适当的印刷和喷涂工艺，可以赋予亚克力制品理想的表面装饰效果。

3．亚克力板用于激光切割的优势

- 切割后具有干净、精美的抛光边缘。
- 激光束不会过热或接触亚克力板，防止了亚克力板翘曲或损坏。
- 切割和雕刻亚克力板精度极高，可以切割出有趣的形状，雕刻出精美的图案，设计出优秀的作品。

4．产品展示

亚克力板激光切割产品在生活中很常见，如硬件外壳、标牌、饰品、艺术品、会议徽章、书籍封面、广告牌、奖牌、奖杯等，如图 4.3 所示

图4.3　亚克力板激光切割产品展示

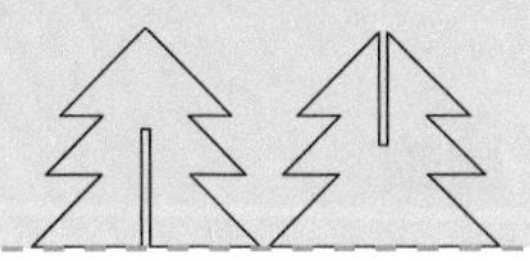

第 5 章　LaserMaker 建模与应用

如果我们只是作为爱好者，制作一些小饰品、日用小物件之类的小东西，我们只需要掌握上一章的基本知识和这一章的建模实例即可。但如果准备进行有吸引力的产品开发，我们要更多地从实例中思考：它建模的技巧在哪里？我还可以应用在哪些方面？在生活场景中，它真的具有产品的吸引力吗？本章，我们将通过多个范例，一起学习根据应用场景进行作品设计和建模。

利用激光切割技术制作的物品中，有平面作品也有立体作品。

常见的平面作品，主要是在工件材料表面刻制图案、切割轮廓形成一定的图形。我们可以用激光切割技术制作哪些有创意的作品呢？这要考考我们的技术和心思。

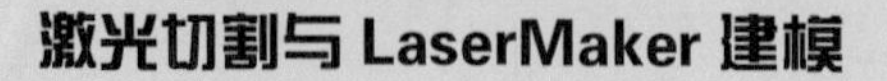

5.1 平面项目1 胸牌

5.1.1 项目目标

知识与技能

（1）掌握用“矩形工具”“圆角工具”绘制圆角长方形的操作方法。
（2）掌握修改选定图形尺寸的操作方法。
（3）掌握“文本工具”的使用方法。
（4）懂得面向对象进行“加工参数”设置。

思维培养

◆设计思维
（1）预见胸牌应用场景与设计内容的适应性。
（2）预见胸牌样式设计、材料质感与制作效果的一致性。

◆计算思维
（1）形成对胸牌制作方法和流程的认识。
（2）推测尺寸、布局等因素在制作时可能出现的问题及其解决方法。

◆工程思维
（1）认识材料切割时的硬度、使用周期等问题。
（2）认识制品与别针的黏合，或悬挂绳的连接问题。
（3）认识制作时间成本、材料成本等问题。

社会责任与道德素养

（1）作品内容健康文明，要注意保护信息安全，要遵守信息法律法规、信息伦理道德规范。
（2）在练习时可在样式上模仿他人作品，创作时须做改良式创新。

5.1.2 应用场景

胸牌是佩戴在胸前以显示工作身份的标牌，是一种悬挂式或佩戴式的标牌，它起到介绍和标示的作用。

胸牌造形以长方形居多，也有圆形的，如图 5.1 所示。

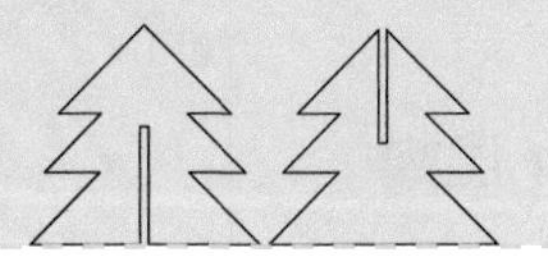

图5.1 各式胸牌

5.1.3 项目分析

（1）制件外形：胸牌是平面作品，轮廓可由制作者绘制，通过切割实现。

（2）制件内容：胸牌上的文字或图形，以描线或雕刻的方式在材料上形成蚀刻效果。文字可以通过文本工具录入、编辑。图形可绘制，也可导入图片进行处理。

（3）制件尺寸：在文具店或活动中找到相应悬挂式胸牌或佩戴式胸牌的参考样品，测量其长度、宽度，以及材料厚度。

（4）使用方式：悬挂式制品需要在平面上打孔、穿绳；佩戴式制品需要考虑别针的尺寸，并且考虑和调试与材料黏合度、支撑力度是否可行。

（5）材料选择：椴木胶合木板、亚克力板。

（6）工艺效果：浅雕效果。

5.1.4 建模过程

胸牌的建模流程如图 5.2 所示。

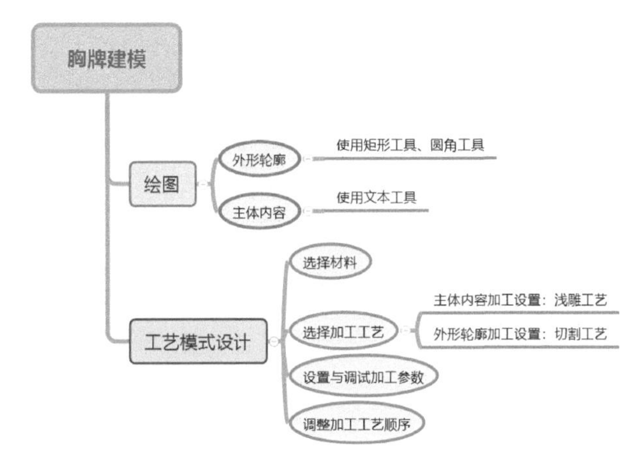

图5.2 胸牌建模流程

1．调研与手绘设计

量一量

通过观察常用活动胸牌、会议胸牌的样式，把你的胸牌尺寸填到下表中，并说明理由。

数据记录 单位：mm	
长：	宽：

画一画

根据胸牌的使用场景和你想达到的效果，考虑胸牌的造型和内容，在以下方框中手绘胸牌的设计草图。

2．软件绘图

经过对胸牌的项目分析，我们可通过 3 个步骤完成胸牌的图形绘制工作。

（1）绘制胸牌外形

● 使用“矩形工具”绘制矩形

将鼠标指针移至绘图箱，单击“矩形工具”，移动鼠标指针至绘图区空白处，按住鼠标左键，拖曳鼠标，即可绘制矩形。这时，既可以拖曳修改矩形的大小，也可直接在宽、高输入框中输入已测量好的胸牌尺寸，如图 5.3 所示。

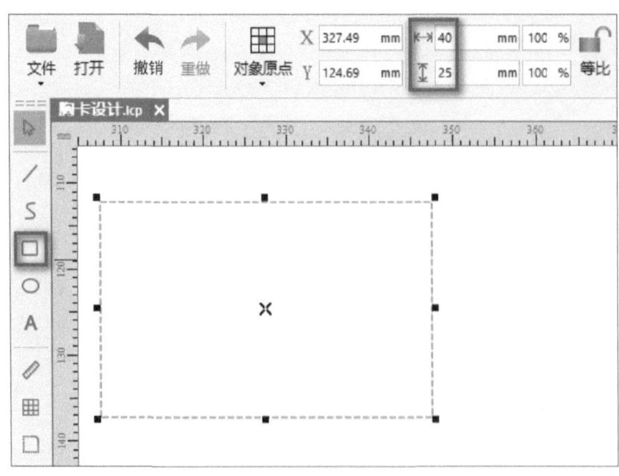

图5.3 修改胸牌的大小

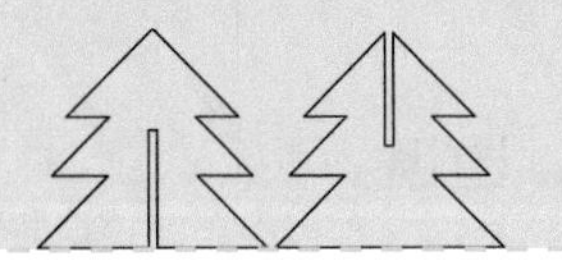

- 使用“圆角工具”优化图形

将鼠标指针移至绘图箱，单击“圆角工具”，弹出“圆角工具”对话框，输入“半径”来确定矩形的圆角化效果。如图5.4所示，在半径框内输入“5”，接着将鼠标指针移至矩形的锐角，依次将4个角进行圆角化操作，当出现“+”符号时单击，即可进行圆角化处理。

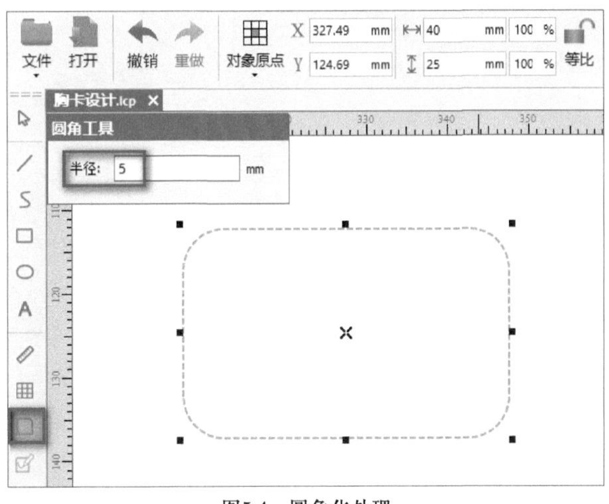

图5.4　圆角化处理

（2）使用“文本工具”添加胸牌文字

将鼠标指针移至绘图箱，单击“文本工具”，移动鼠标指针至绘制好的圆角长方形内，双击鼠标左键，弹出“绘制文本”对话框，如图5.5所示。选择自己喜欢的字体以及合适的字号，输入“创客训练营”，单击“确定”，即可完成文本的绘制。同样地，在椭圆形内分别输入文本“雷小宇”以及“第一组”。完成文本绘制后，可移动字体和设置字体大小，使其合理布局在胸牌上，如图5.6所示。

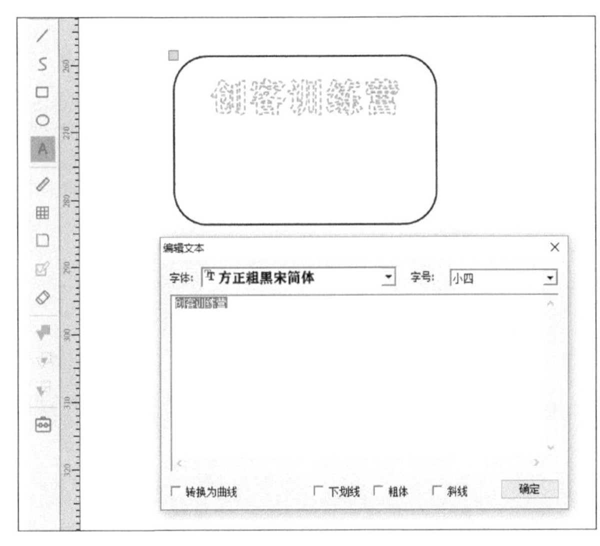

图5.5　输入文本

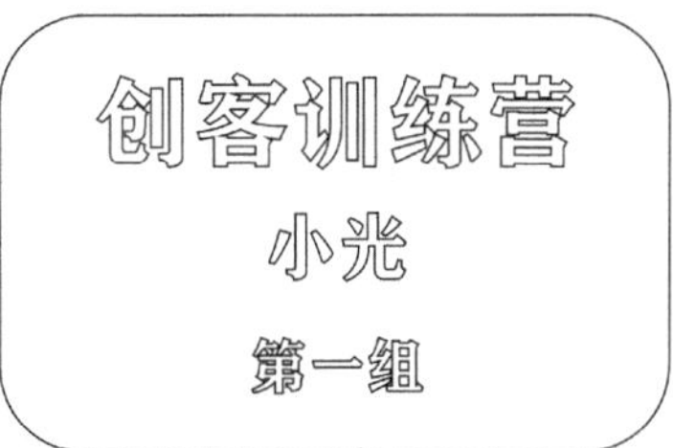

图5.6　合理布局

3．工艺模式设计

选中胸牌文本内容对象，单击“图层色板”中的“黄色”色块，即增加“黄色浅雕”工艺图层，如图 5.7 所示。双击该工艺图层弹出“加工参数”对话框，设置加工材料为椴木胶合木板、工艺为浅雕、加工厚度为 0.1mm，然后单击“确定”退出对话框。

创客训练营
小光
第一组

图5.7　设置工艺模式

选中胸牌外形轮廓对象，双击其对应的“黑色切割”工艺图层，弹出“加工参数”对话框，设置加工材料为椴木胶合木板、工艺为切割、加工厚度为 3mm，然后单击“确定”退出对话框。

如需调整加工的速度、功率，可在“加工参数”对话框双击对应加工厚度值，在弹出的“雕刻参数”或“切割参数”对话框中，对相关参数进行调整。

最后，工艺图层会将选定的材料名称、加工工艺和加工厚度所对应的速度、功率参数默认值显示出来。根据制作需要，拖动工艺图层，调整加工工艺的顺序为：浅雕→描线→切割，如图 5.8 所示。

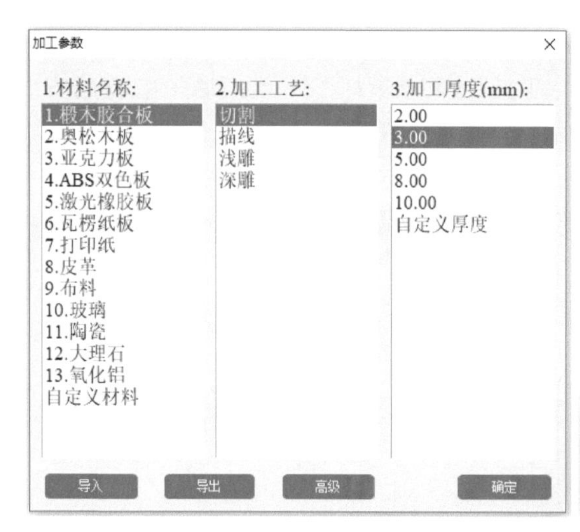

加工工艺	速度	功率	输出
浅雕	500.0	12.0	☑
切割	40.0	70.0	☑

图5.8　设置加工参数和调整加工工艺的顺序

思考与调试

（1）进入“激光参数”对话框，修改功率或速度的经验值参数，例如，将速度参数改为 400，将功率参数改为 20，进行实验，观察产生的结果，调试出合适的参数。

（2）更换不同字体进行雕刻实验，使其呈现理想的效果，满足作品设计的实用性和艺术性需求。

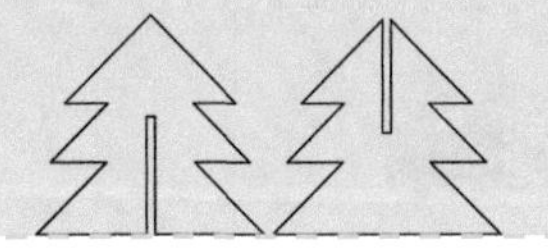

5.1.5 成品展示

成品如图5.9所示。

图5.9 成品展示

5.1.6 拓展练习

将图5.10所示的班牌用LaserMaker设计和制作出来，也可根据你的想法，把它设计得更具有文化个性。请注意，设计时需要考虑能将它牢靠固定在墙面的方式。

图5.10 班牌

5.1.7 作品欣赏

图5.11是LaserBlock开源社区的各种胸牌以及类似胸牌的作品，供大家参考、欣赏。

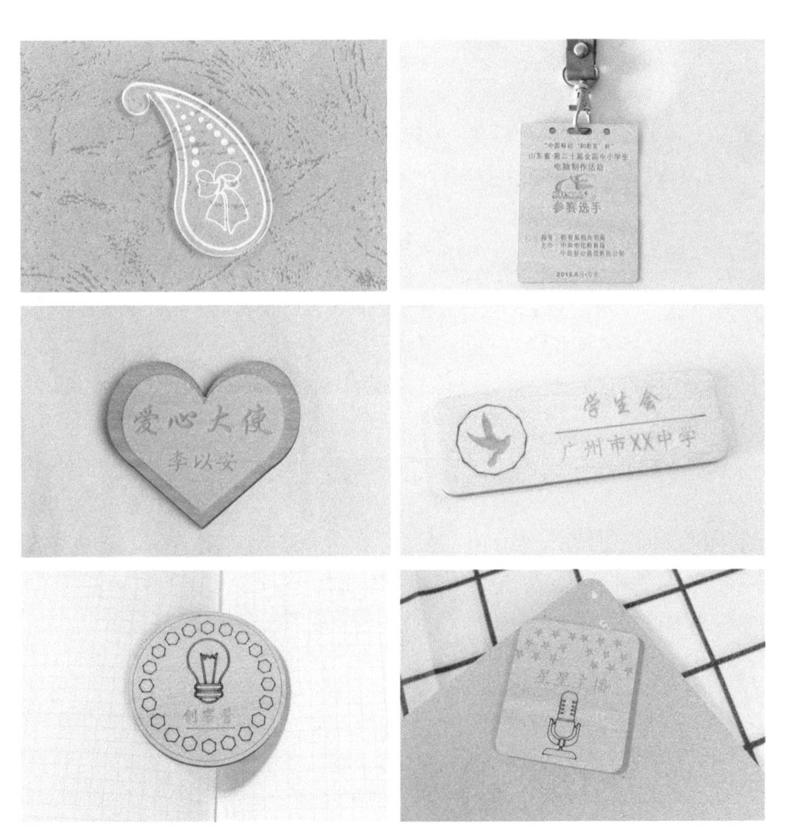

图5.11 胸牌产品展示

5.2 平面项目2 名片

5.2.1 项目目标

知识与技能

（1）掌握用“矩形工具”“圆角工具”绘制圆角长方形的操作方法。
（2）掌握导入图片素材的操作方法。
（3）掌握“文本工具”的使用方法。
（4）掌握设置“描线”工艺模式参数的方法。

思维培养

◆设计思维
（1）通过名片设计与制作效果反映要表达的信息和文化个性。
（2）预见名片设计与制作效果的一致性。
（3）预见不同的材料在同一图样、同一工艺模式下的不同效果。
◆计算思维
（1）形成对激光切割制造名片的方法和流程的认识。
（2）建立对文字“描线”工艺模式与切割参数经验值的认识。
◆工程思维
（1）认识不同材料的切割效果与设计预期的一致性或落差。
（2）认识制作时间成本、材料成本、制作便利性和实用性等问题

社会责任与道德素养

（1）作品内容健康文明，使用网络图片素材要尊重图片版权，要注意保护信息安全，要遵守信息法律法规、信息伦理道德规范。
（2）在练习时可在样式上模仿他人作品，创作时须做改良式创新。

5.2.2 应用场景

名片[①]，是标示姓名及其所属组织、单位和联系方法的卡片。在人际交往中，交换名片是新朋友互相认识、自我介绍的最快的方法之一，也是商业交往的一个标准动作。随着互联网的发展，现在很多人相互

图5.12 名片

① 名片中的人物和联系方式是虚拟的。

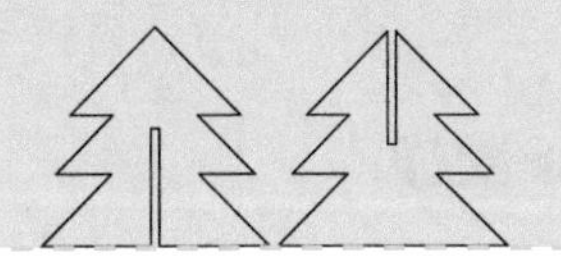

联系的方式变成了相互添加微信。如图 5.12 所示，用 LaserMaker 设计制作一款名片，将微信二维码添加进去。想一想，还要在名片里放入哪些信息？

5.2.3 项目分析

（1）制件外形：名片是平面作品，轮廓可由制作者绘制，通过切割实现。

（2）制件内容：与胸牌的设计与制作一样，名片上的文字或图形，以描线或雕刻的工艺模式在材料上形成蚀刻效果。文字可以通过文本工具录入、编辑。图形可用绘图箱工具绘制或导入图片进行处理。

（3）制件尺寸：测度标准名片的尺寸，考虑是否做个性化调整。

（4）使用方式：可考虑将名片设计成卡片式或匙扣式。

（5）材料选择：椴木胶合板、亚克力板、竹片。

（6）工艺效果：浅雕效果。

5.2.4 建模过程

名片的建模流程如图 5.13 所示。

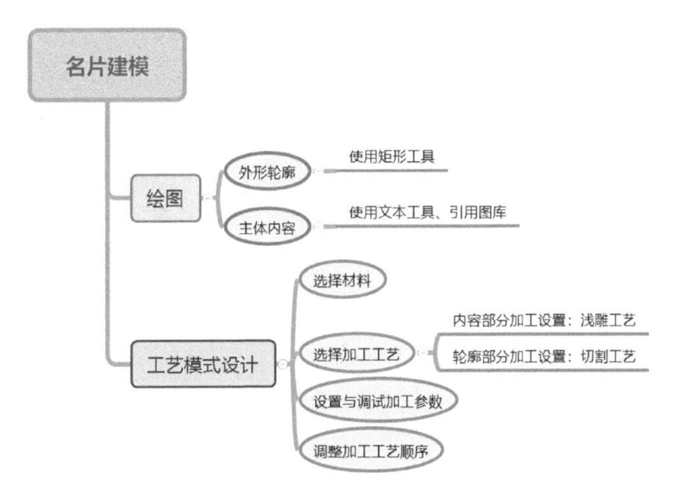

图5.13 名片建模流程

1. 调研与手绘设计

量一量

根据你的设计，把你设计的名片尺寸填到下表，并说明理由。

数据记录	单位：mm
长：	宽：

画一画

在以下方框中手绘名片的设计草图。

2．软件绘图

经过对名片的项目分析，我们可通过 3 个步骤完成名片的设计以及绘制工作。

（1）使用“矩形工具”绘制名片外形

将鼠标指针移至绘图箱，单击“矩形工具”，移动鼠标指针至绘图区空白处，按住鼠标左键不放，拖曳鼠标，绘制一个长方形。根据设计的名片大小确定长方形的尺寸，如图 5.14 所示。

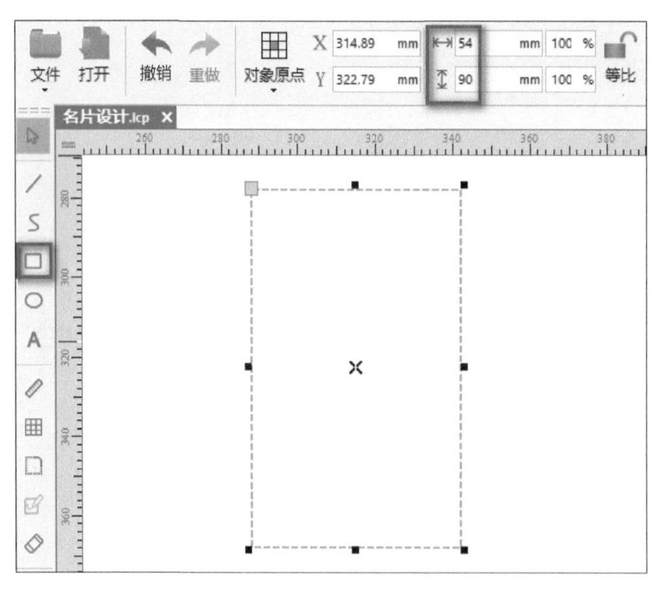

图5.14 确定名片的大小

（2）绘制名片内容

● 使用“图库”素材添加名片 Logo

将鼠标指针移至图库面板，在“选择图库”的“4. 机械结构”中，单击“齿轮集合”，按住不放向左拖曳，即可将素材添加到绘图区作为名片的 Logo，如图 5.15 所示。

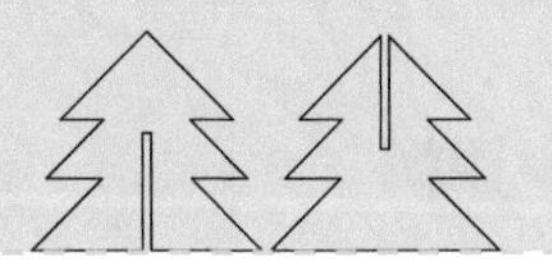

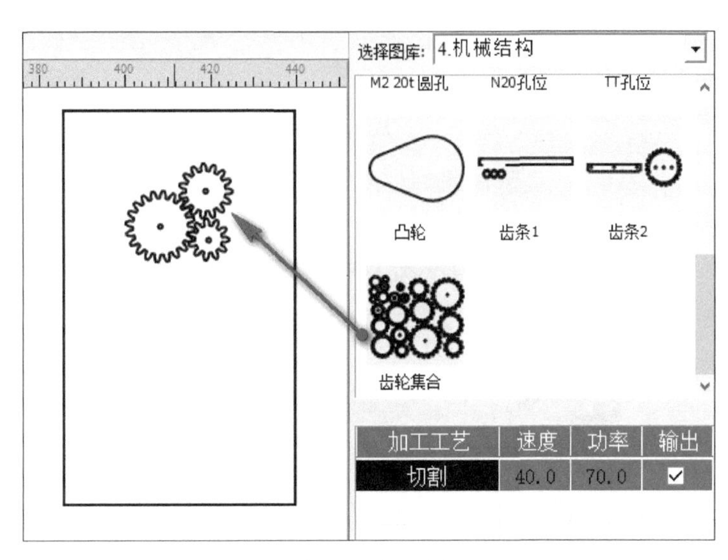

图5.15 添加图形

- 使用“文本工具”添加名片内容

将鼠标指针移至绘图箱，单击“文本工具”，移动鼠标指针至绘制好的矩形内，双击鼠标左键，弹出“绘制文本”对话框，选择符合设计风格的字体式样和合适的字号，输入“职位”“名字”“手机”和“地址”等个人信息，如图 5.16 所示。完成文本输入后，通过移动文本对象、设置字体大小，使其合理布局在名片内。

图5.16 添加信息

- 使用“打开”插入图案

将鼠标指针移至工具栏，单击“打开”，弹出“打开”对话框，选择要插入的二维码图案。如图 5.17 所示，选择二维码文件，单击“打开”，即可插入图案至绘图区空白

处。如图 5.18 所示，将二维码图案调整到合适的尺寸，单击图案，按住鼠标左键不放，将其拖曳至矩形合适的位置内。

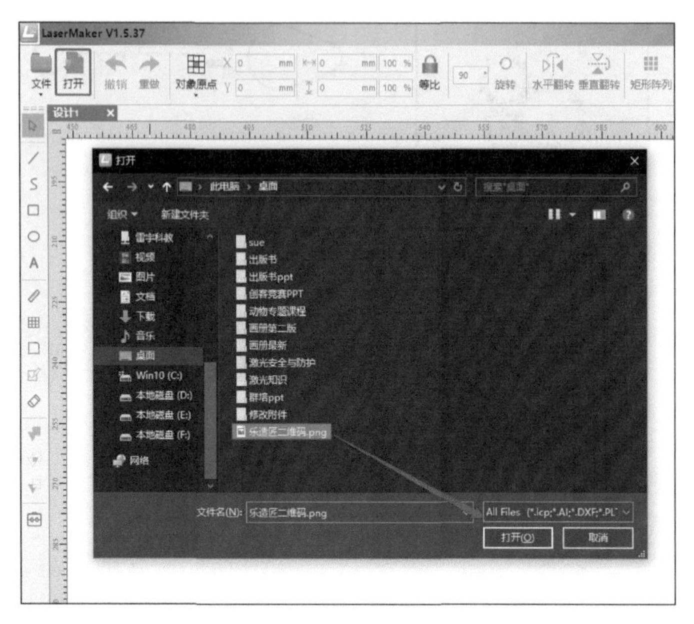

图5.17　选择二维码文件

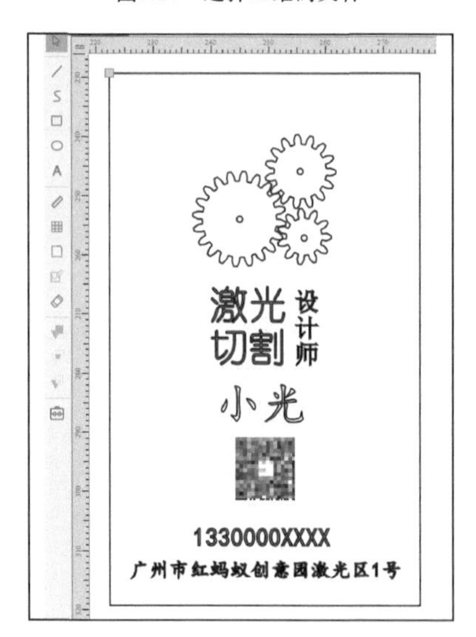

图5.18　调整二维码尺寸

3．工艺模式设计

选中名片的文本内容和 Logo，单击“图层色板”中的“黄色”色块，即增加“黄色浅雕”工艺图层，如图 5.19 所示。双击该工艺图层弹出“加工参数”对话框，设置加工材料为椴木胶合板、工艺为浅雕、加工厚度为 0.1mm。

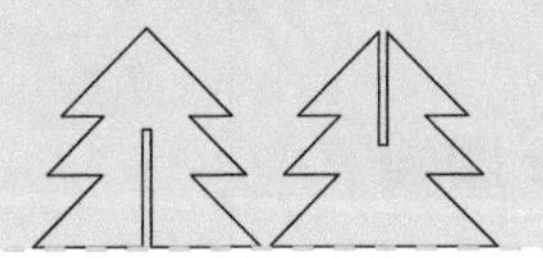

图5.19 设置工艺模式

选中名片外形轮廓对象,双击其对应的“黑色切割”工艺图层,弹出“加工参数”对话框,设置加工材料为椴木胶合木板、工艺为切割、加工厚度为 3mm。

最后,根据制作需要,拖动图层调整加工工艺的顺序为先浅雕再切割,如图 5.20 所示。

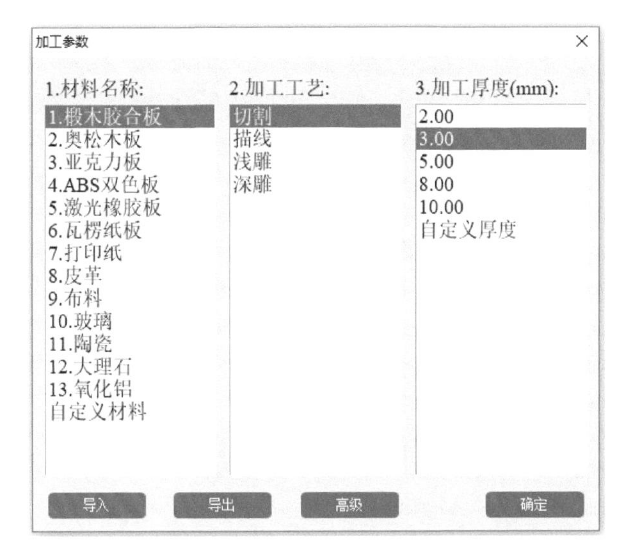

加工工艺	速度	功率	输出
浅雕(图片)	500.0	12.0	☑
浅雕	500.0	12.0	☑
切割	40.0	70.0	☑

图5.20 设置加工参数和调整加工工艺的顺序

思考与调试

(1)进入“激光参数”对话框,修改图片浅雕的功率或速度的经验值参数,例如,将速度改为 500,将功率改为 8,进行实验,观察加工效果,调试出合适的参数。

(2)更换不同字体设置进行雕刻实验,使其呈现理想的效果,满足设计的实用性和艺术性需求。

5.2.5 成品展示

成品如图 5.21 所示。

图5.21 成品展示

5.2.6 拓展练习

我们在公众场合经常能看到很多标识牌，例如室内禁止吸烟、请勿喧哗、爱护花草等。请看图 5.22 所示的标识牌，将它用 LaserMaker 设计和制作出来，也可参考其样式按自己的想法，把它设计得更具有个性。请注意，设计时需要考虑将它牢靠固定在墙面的方式。

图5.22 标示牌

5.2.7 作品欣赏

图 5.23 是 LaserBlock 开源社区的各种名片作品[①]，供大家参考欣赏。

---

① 名片中的人物和联系方式是虚拟的。

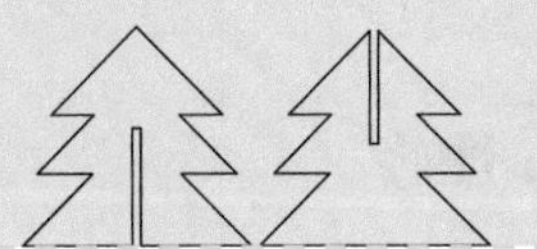

图5.23　各种激光切割名片作品展示

5.3 平面项目 3 七巧板

5.3.1 项目目标

知识与技能	（1）掌握“线段工具”“网格工具”“对齐参考线”的操作方法。 （2）懂得面向对象进行“加工参数”设置。
思维培养	◆设计思维 （1）建立对平面图形拼接积木设计思路的认识。 （2）建立对木制积木设计的知识性、可玩性、趣味性的认识。 ◆计算思维 （1）认识平面积木切割与拼接图形需要解决的数学问题。 （2）掌握平面积木切割设计的方法与流程。 ◆工程思维 （1）理解平面图形积木设计的思路和原理。 （2）了解设计图形切割线条时，除了本例中的直线，还有哪种方式。 （3）了解如何通过设计使平面积木成为可立体搭建的玩具。
社会责任与道德素养	（1）作品内容健康文明，使用网络图片素材要尊重图片版权，要注意保护信息安全，要遵守信息法律法规、信息伦理道德规范。 （2）在练习时可在样式上模仿他人作品，创作时须做改良式创新。

5.3.2 应用场景

七巧板是一种古老的中国智力玩具，顾名思义，七巧板由一个正方形切割成的七块几何平板组成，包括两个大三角、一个中三角、两个小三角、一个正方形和一个平行四边形，如图 5.24 所示。七块板可拼成许多图形（1600 种以上），例如三角形、平行四边形、不规则多边形，玩家也可以把它拼成各种人物、动物、建筑、文字等。简单的七块板，蕴含着奥妙的数学原理。想一想，七巧板包含了哪些几何图形？试

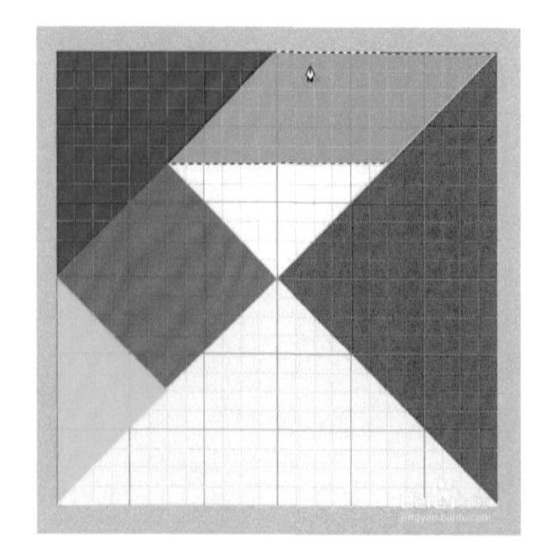

图5.24 七巧板

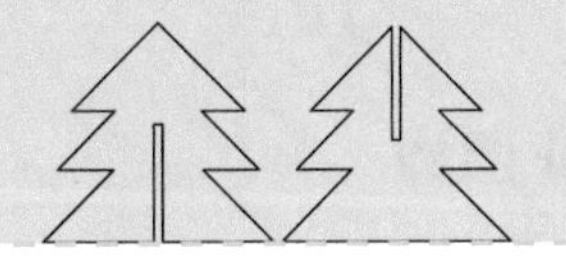

着用 LaserMaker 制作一套七巧板。

5.3.3 项目分析

（1）制件外形：整套七巧板的外形是正方形，通过切割实现。

（2）积木件切分方法：查阅七巧板图形组成和排布，分析其线段关系，确定切割走线设置方法。

（3）制件尺寸：根据激光切割机工作幅面、木板幅面和娱乐需求确定七巧板的尺寸，考虑底板内框尺寸是否需设置为大于积木件拼合而成的正方形尺寸。

（4）使用方式：七巧板是直接与孩童接触的玩具，考虑是否做防水、防霉或上色等处理。

（5）材料选择：椴木胶合木板。

（6）工艺效果：切割效果。

5.3.4 建模过程

七巧板建模流程如图 5.25 所示。

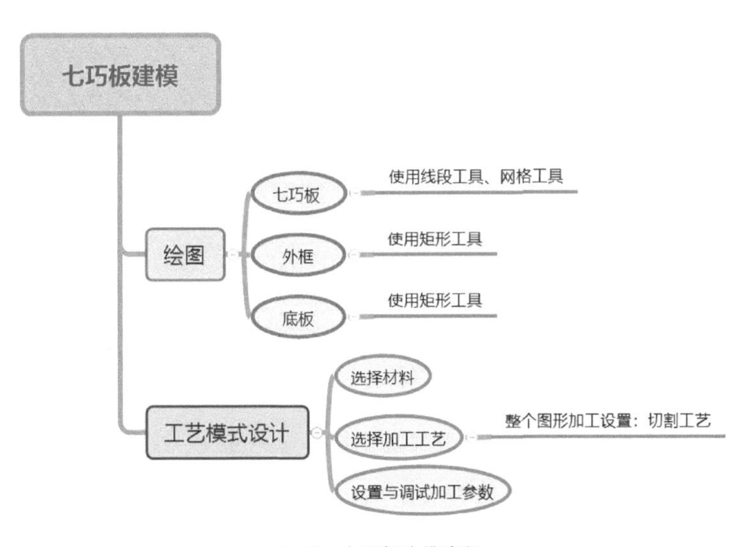

图5.25 七巧板建模流程

1. 调研与手绘设计

量一量

查阅网上资料或你手上购买的七巧板玩具，观察七巧板，看看七巧板的组成和布局，确定你要设计和制作的七巧板的尺寸，以毫米（mm）为单位进行测度和记录。

数据记录	单位：mm
积木件长：	积木件宽：
底托长：	底托宽：

对七巧板的组合图形进行分析，在框内绘制出七巧板的草图，并用颜色笔明确设计切割走线的轨迹。

2．软件绘图

经过对七巧板的结构分析，我们可以通过 3 个步骤把七巧板绘制出来。

（1）使用“线段工具”“网格工具”按线段切割顺序绘制七巧板

在网络上下载一张七巧板图片，单击“打开”，将其导入 LaserMaker 软件，按照图片的形状依次绘制。

将鼠标指针移至绘图箱，单击“网格工具”，绘图区呈现网格背景，如图 5.26 所示。单击“矩形工具”，绘制一个正方形，在宽、高中输入已测量好的数据，如宽 130mm、高 130mm。单击“线段工具”，绘制正方形的对角线①，把正方形分成两个等腰三角形；单击“线段工具”，绘制三角形的中线②，绘制出中三角形；单击“线段工具”，绘制正方形另一条对角线③，绘制出大三角形 1 和大三角形 2；单击“线段工具”，绘制线段④，绘制出小三角形 1 和正方形；单击“线段工具”，绘制线段⑤，绘制出小三角形 2 和平行四边形。

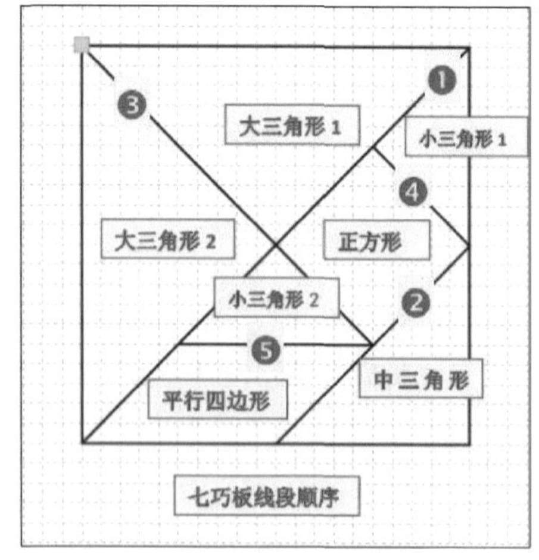

图5.26　七巧板切割线绘制顺序

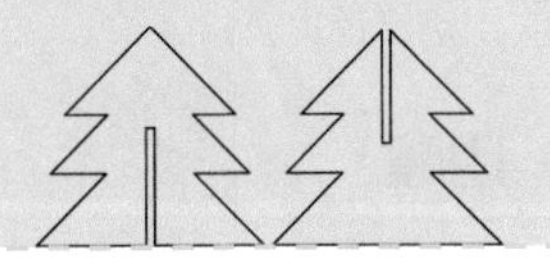

（2）绘制外框和底板

单击“矩形工具”，绘制一个宽150mm、高150mm的正方形，将其拖曳至七巧板的中心对齐，作为七巧板的外框。

选中七巧板外框，单击鼠标右键选择复制，将其作为七巧板的底板，如图5.27所示。

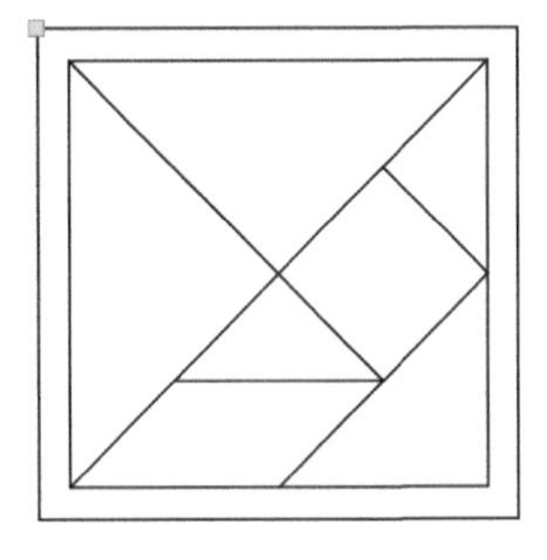

图5.27　七巧板外框和底板

3．工艺模式设计

选中七巧板对象，如图5.28所示，双击其对应的“黑色切割”工艺图层弹出“加工参数”对话框，设置加工材料为奥松木板、工艺为切割、加工厚度为3mm，单击“确定”退出后，工艺图层显示其设定的默认参数值，如图5.29所示。

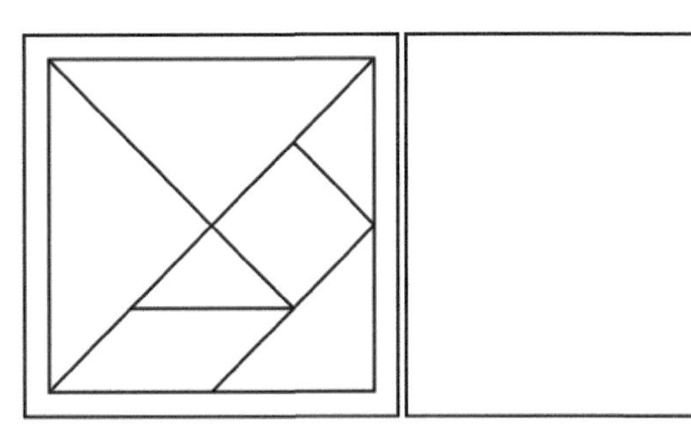

图5.28　绘制完成

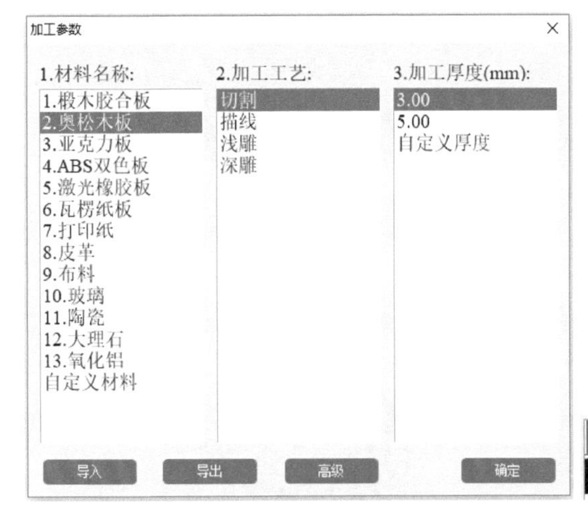

加工工艺	速度	功率	输出
切割	25.0	70.0	☑

图5.29　设置加工参数及加工工艺

思考与调试

（1）进入“雕刻参数”对话框，修改切割加工的经验值参数，例如，将速度改为30，将功率改为60，进行实验，体验不同参数产生的结果，调试出合适的参数。

（2）观察切割的走线轨迹，思考七巧板组合图形中，是否有其他的走线设计可以实现七巧板的组合图形效果。

图5.31　鲸鱼拼图

5.3.5　成品展示

成品如图 5.30 所示。

5.3.6　拓展练习

大家都有各式各样的玩具，但是自己动手做过积木拼图吗？找一张你喜欢的图片导入 LaserMaker 软件，并把它设计成拼图，或是参考图 5.31 所示的样例进行制作。思考图中拼图件圆拱形接口的形状应该如何绘制。

5.3.7　作品欣赏

图 5.32 是 LaserBlock 开源社区的各种拼图作品，供大家参考、欣赏。

图5.30　成品展示

图5.32　激光切割拼图产品展示

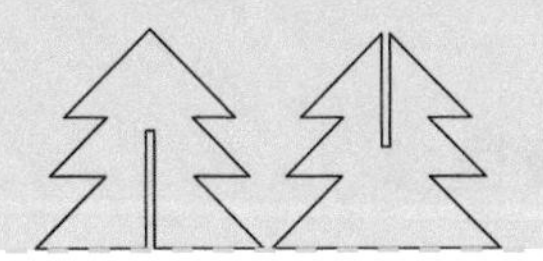

5.4 平面项目4 自画像

5.4.1 项目目标

知识与技能

（1）掌握“轮廓描摹”工具的操作方法。
（2）掌握利用“轮廓描摹”工具提取手绘图案的技巧，使轮廓效果更佳。
（3）懂得面向不同对象进行“加工参数”设置。

思维培养

◆设计思维
（1）预见手绘画风格与雕刻制件的效果。
（2）预见手绘画雕刻制件的使用场景。
◆计算思维
（1）了解手绘画、扫描图像与雕刻效果的处理。
（2）了解手绘图形扫描文件与其他图像文件在雕刻效果上的区别。
◆工程思维
（1）认识手绘画转化为激光切割制品的流程。
（2）认识用不同材料雕刻手绘画的效果和时间成本。
（3）认识用描线模式和雕刻模式制作手绘画的经验参数值。

社会责任与道德素养

（1）作品内容健康文明，要注意尊重肖像权，要注意保护信息安全，要遵守信息法律法规、信息伦理道德规范。
（2）在练习时可在样式上模仿他人作品，创作时须做改良式创新。

5.4.2 应用场景

自画像一般是指艺术家为自己所画的肖像作品，又称镜中肖像。每一幅自画像都代表着艺术家独特的个性以及艺术风格，表达艺术家在当下自身的一些感受，比如自信或是痛苦。作为后印象派代表人物，梵高是 18 世纪最杰出的艺术家之一，他的自画像便是艺术家自画像中的代表作之一，如图 5.33 所示。

通过自画像的表现方式，我们能够剖析艺术家的心理特征，所以，自画像也可以

被称作表现艺术家性格特征的一面镜子。普通人也常常通过自画像来表达自己的形象、风格或性格。试着用 LaserMaker 设计并制作自己的自画像。

图5.33　梵高自画像

5.4.3　项目分析

（1）制件外形：轮廓可方可圆，由设计制作者绘制，通过切割实现。

（2）制件内容：将自己手绘的简笔画自画像，通过激光雕刻在工件材料上形成画像绘制效果。画像可手绘，然后扫描成图像文件，导入软件绘图区。

（3）制件尺寸：根据作品需求设定制件尺寸。

（4）使用方式：考虑用途或使用场景，例如是用作钥匙扣，或是产品品牌标志牌等，考虑是否做防水、防霉或上色等处理。

（5）材料选择：椴木胶合木板或亚克力板。

（6）工艺效果：描线效果或雕刻效果。

5.4.4　建模过程

自画像建模流程如图 5.34 所示。

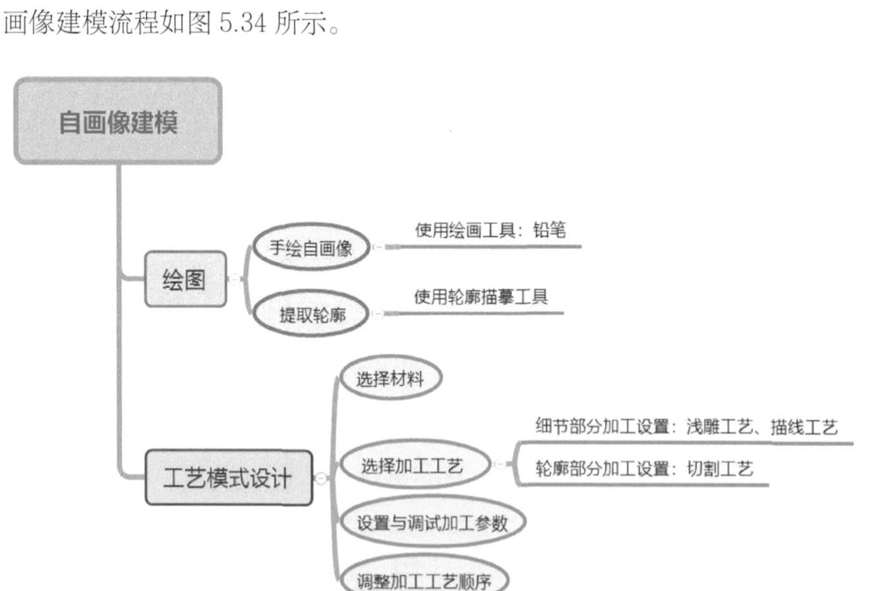

图5.34　自画像建模流程

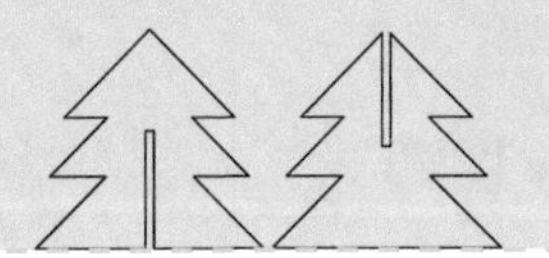

1．调研与手绘设计

量一量

通过项目分析，你计算制作多大尺寸的简笔画自画像作品，将制件尺寸填写在下表中。

数据记录 单位：mm	
长：	宽：

画一画

请根据自己的测量数据，并结合自身特点，在框内绘制出自画像。

2．软件绘图

经过对自画像的结构分析，我们可通过3个步骤将自画像绘制出来。

（1）使用马克笔手绘自画像

在画纸上用马克笔画出自己的自画像，绘画完成后，使用扫描软件将图画扫描，导出图片，保存在本地计算机中。建议选用“黑白”模式，扫描效果更佳，轮廓更清晰，如图5.35所示。

图5.35 自画像样例

（2）使用绘图箱的“轮廓描摹”工具提取手绘自画像的轮廓

将鼠标指针移至工具栏，单击“打开”，弹出“打开”对话框，选择扫描后自画像文件，单击“打开”键，即可打开图片。如图5.36所示。

图5.36　打开图片

图5.37　提取的轮廓

使用绘图箱“轮廓描摹”工具提取其轮廓，保留提取的轮廓，将原图片删除。图 5.37 所示为提取的马克笔手绘自画像轮廓。

3．工艺模式设计

选中自画像脸部表情对象，将其设置为“黄色浅雕”工艺图层，双击该图层，设置加工材料为亚克力板，工艺为浅雕，加工厚度为 0.1mm。

图5.38　设置自画像工艺图层

选中自画像内部轮廓对象，将其设置为“红色描线”工艺图层，双击对应图层，设置加工材料为亚克力板，工艺为描线，加工厚度 0.1mm。

选中自画像外部轮廓对象，双击对应的“黑色切割”图层，设置加工材料为亚克力板，工艺为切割，加工厚度为 3mm。

自画像的加工参数设置完成，如图 5.38 所示。最后，拖动工艺图层，调整加工工艺的顺序为浅雕→描线→切割，如图 5.39 所示。

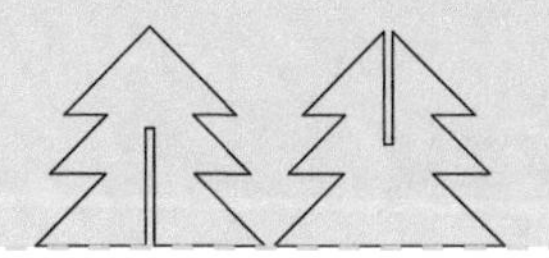

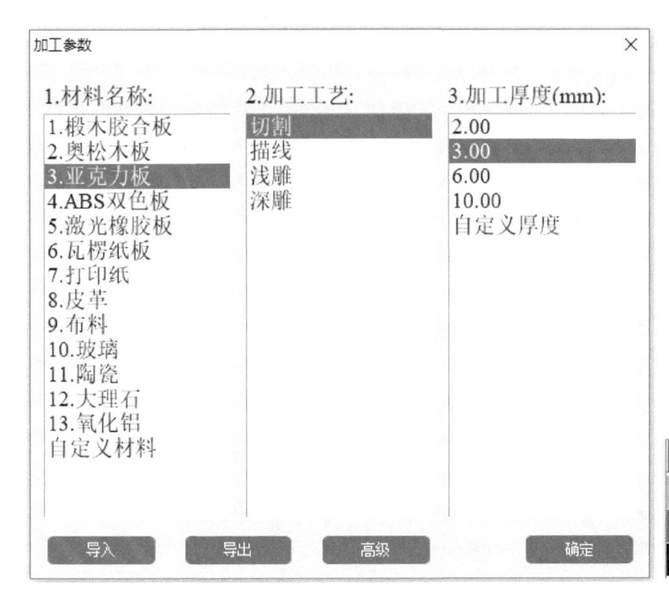

加工工艺	速度	功率	输出
浅雕	500.0	12.0	☑
描线	200.0	7.0	☑
切割	15.0	70.0	☑

图5.39 设置加工参数和调整加工工艺顺序

思考与调试

（1）进入“雕刻参数”对话框，修改切割加工的经验值参数，例如，将“浅雕”工艺的加工速度改为400，将功率改为30，进行实验，体验不同参数产生的雕刻效果，调试出合适的参数。

（2）尝试绘制其他你喜欢的图形，并通过调整工艺和参数，找到合适的效果。

5.4.5 成品展示

经成品如图5.40所示。

图5.40 成品展示

5.4.6 拓展练习

简笔画，是指把复杂的形象简单化，通过提取客观形象最典型、最突出的主要特点，以平面化、程式化的形式和简洁、洗练的笔法，表现出既有概括性又有可识性和示意性的绘画。学习了手绘自画像的轮廓提取，你可以手绘大象或者其他动物的简笔画，或是参考图 5.41 和图 5.42 所示的样例，试着在 LaserMaker 中提取轮廓。

图5.41 简笔画大象

图5.42 简笔画恐龙

5.4.7 作品欣赏

图 5.43 所示是 LaserBlock 开源社区的各种简笔画作品，供大家参考、欣赏。

图5.43 激光切割简笔画作品展示

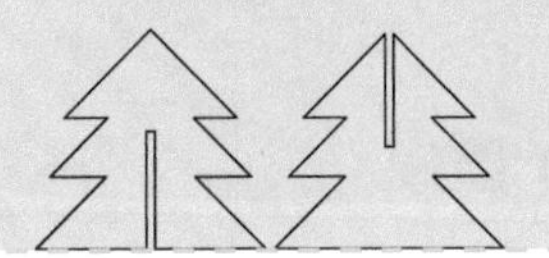

5.5 平面项目5 留念照

5.5.1 项目目标

知识与技能

（1）学会挑选适合雕刻的照片。
（2）学会用简易图像处理软件加工照片。
（3）懂得设置雕刻照片的加工参数。

思维培养

◆设计思维
（1）针对不同像素、不同风格的照片，能预见雕刻制件效果。
（2）预见照片雕刻制件的使用场景。
◆计算思维
（1）对比了解影响手绘画扫描件和照片两种图像文件的雕刻效果的原理，及其处理方法。
（2）预见图像文件格式及转换的原理和方法。
◆工程思维
（1）认识照片转化为激光切割制品的流程。
（2）认识用不同材料雕刻照片的效果和时间成本。
（3）认识用描线模式和雕刻模式制作照片的经验参数值

社会责任与道德素养

（1）作品内容健康文明，要尊重他人肖像权，并保护自己与家人的肖像权，要注意保护信息安全，要遵守信息法律法规、信息伦理道德规范。
（2）在练习时可在样式上模仿他人作品，创作时须做改良式创新。

5.5.2 应用场景

照片不仅仅是一张普通的图片，它更是珍贵时刻的记录，如图5.44所示。一张张照片，记录了生活中的点点滴滴，也记录了生命中美好的回忆。在手工艺店中，我们经常能看到精致的水晶雕刻纪念照片的摆件，那么，试着用激光切割机雕刻值得留念的照片，制作摆件吧。

图5.44 合照

5.5.3 项目分析

（1）制件外形：轮廓可方可圆，由设计制作者绘制，通过切割实现。

（2）制件内容：在制件材料上形成图像雕刻印记，如木刻效果。选定照片后可将文件在绘图区打开。

（3）制件尺寸：根据制品需求设定制件尺寸。

（4）使用方式：考虑使用场景和放置方式，例如是立式还是挂式，考虑是否做防水、防霉、上色等处理。

（5）材料选择：椴木胶合木板。

（6）工艺效果：描线或雕刻效果。

5.5.4 建模过程

留念照建模流程如图 5.45 所示。

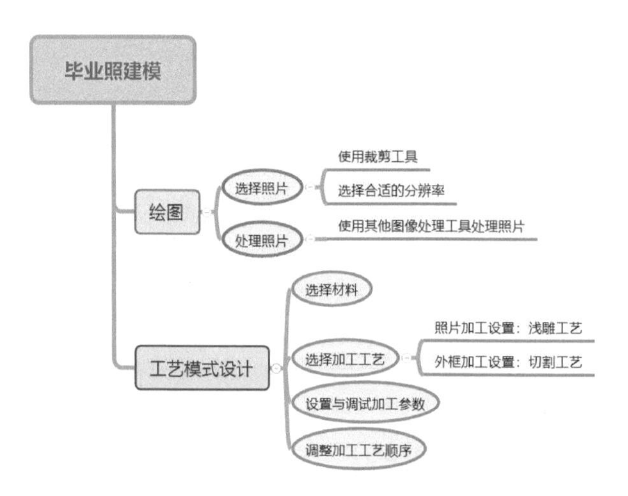

图5.45　留念照设计与制作流程

1. 调研与手绘设计

量一量

根据你选择的照片，计划制作多大尺寸的作品，在下表标注照片的长、宽，单位是毫米（mm）。

数据记录　　　　　　　　单位：mm	
长：	宽：

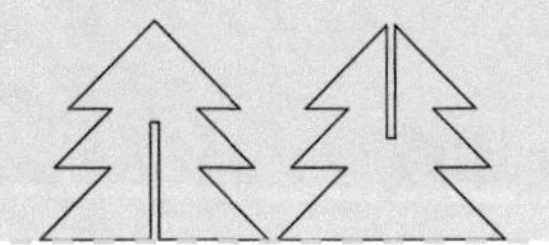

画一画

请根据自己的测量数据，在框内绘制你的作品造型。

2．软件绘图

经过项目分析，我们可通过3个步骤完成照片的雕刻。

（1）选择照片

照片雕刻使用了激光切割的浅雕工艺模式，雕刻效果不仅与雕刻的材料、功率和速度等因素有关，还与照片的质量有关。因而，在做照片雕刻制品时，选择照片要考虑3方面的因素。

- 一是照片分辨率。雕刻幅面尺寸为100mm×100mm的照片制品，照片分辨率要不小于1000像素 ×1000像素。
- 二是照片的主体。照片主体应与背景颜色对比度高，主体突出，轮廓清晰。
- 三是照片原始尺寸与雕刻幅面的比例。照片原始尺寸与雕刻幅面尺寸比例要达到1 ∶ 1或大于1 ∶ 1，即照片原始尺寸大于或等于雕刻幅面尺寸，才能较好地展现照片的细节，特别是要雕刻成像幅面尺寸较大的照片，对照片的尺寸、分辨率和对比度要求更高。

因而，如果要雕刻的照片是照片扫描文件或数码相机拍摄的照片，都要求对像素、清晰度以及扫描效果等因素有选择。图5.46所示是一张分辨率为1920像素 ×1200像素，且轮廓清晰，可按照图片文件原始尺寸进行雕刻的照片。

图5.46 示例照片

（2）处理照片

有时候好的照片也不能雕刻出理想的效果，因此需要对照片进行处理，以便雕刻出更好的效果。

使用图像处理软件，例如“美图秀秀”软件网页版或经典版4.0.1进行照片效果的处理，如图5.47所示。

图5.47　在美图秀秀中打开图片

在“基础编辑”菜单下，单击“基础调整”，将“对比度”调高，使图片对比更分明，如图 5.48 所示。

图5.48　调整对比度

在“特效”菜单下，单击“艺术特效”，单击“素描”特效，单击“确定”，将图片调整为素描图，如图 5.49 所示。

图5.49 选择“素描”特效

单击“基础编辑”菜单，单击“基础调整”，将“清晰度”调高，加强线条轮廓，如图5.50所示。

图5.50 调高清晰度

单击“保存与分享”，单击“保存图片”，弹出“另存为”对话框，在“文件名”中输入文件名称，如“留念照雕刻”，单击“保存”，如图5.51所示。

图5.51　输入文件名称

打开 LaserMaker 软件，在工具栏中单击“打开”，选择文件名为“照片雕刻”的图片打开，如图 5.52 所示。

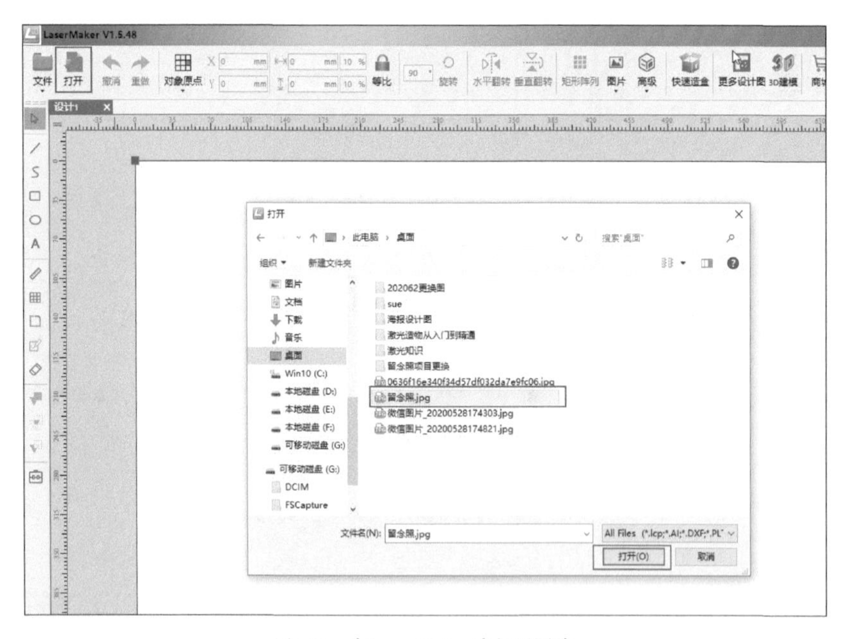

图5.52　在LaserMaker中打开图片

选中打开的图片，在工具栏中单击“图片”，在“图片”的下拉选项框中单击“分辨率”选项框，弹出“分辨率”对话框，在“输入”栏中输入“160”（“160”是比较合适的图片分辨率参数），然后单击“确定”，完成图片的处理，如图 5.53 所示。

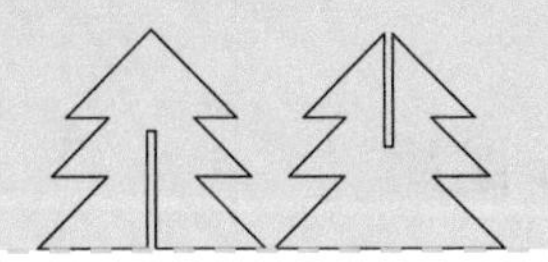

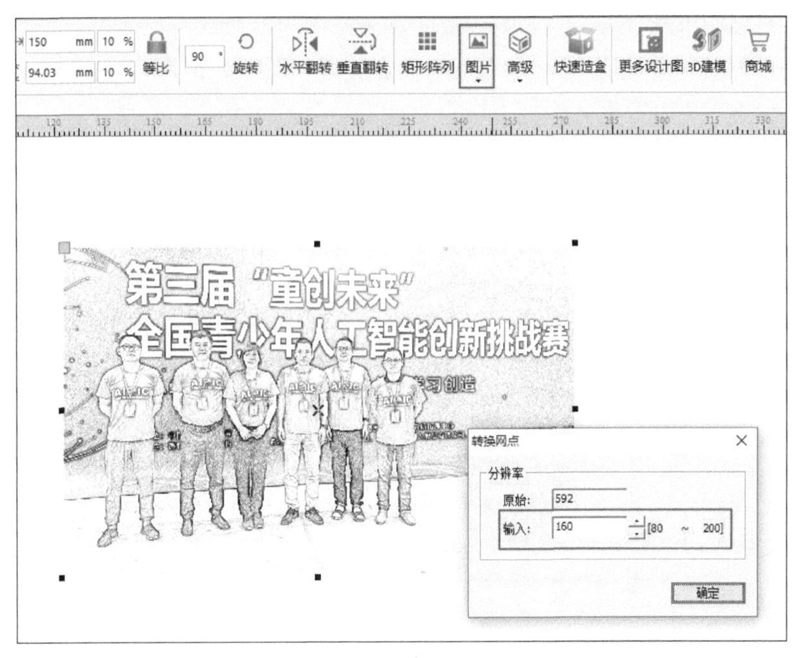

图5.53 设置分辨率参数

单击“矩形工具”，沿着图片的边框绘制同样大小的矩形，如图 5.54 所示。

图5.54 绘制图片框架

3. 工艺模式设计

选中照片对象，双击其对应的“浅雕(图片)”工艺图层，弹出“加工参数”对话框，设置加工材料为椴木胶合板、工艺为浅雕、加工厚度为 0.1mm。

选中矩形对象，双击其对应的“黑色切割”工艺图层，弹出“加工参数”对话框，设置加工材料为椴木胶合板、工艺为切割、加工厚度为 3mm。

最后调整加工工艺图层的顺序，先浅雕，后切割，如图 5.55 和图 5.56 所示。

图5.55　设置工艺图层

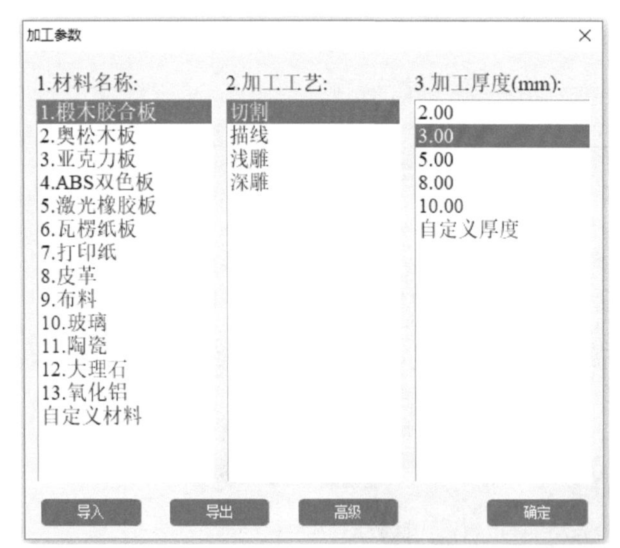

加工工艺	速度	功率	输出
浅雕(图片)	500.0	12.0	☑
切割	40.0	70.0	☑

5.56　设置加工参数和调整加工工艺顺序

思考与调试

（1）进入“雕刻参数”对话框，修改切割加工的经验值参数，例如，将“浅雕”工艺的加工速度改为 400，将功率改为 20，进行实验，体验不同参数产生的雕刻结果，调试出合适的参数。

（2）尝试选择画面简单或元素复杂的照片，并通过调整工艺和参数，观察其实验结果，总结照片雕刻的经验。

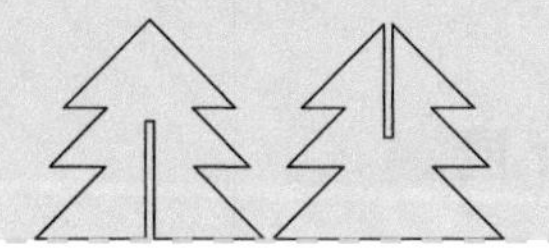

5.5.5 成品展示

成品如图 5.57 所示。

图5.57 成品展示

5.5.6 拓展练习

挑选一张适合激光雕刻的照片，例如家庭照片或建筑物照片等，参照上述方法处理，用激光切割机制作出雕刻制品，例如照片摆件或钥匙扣。可参考图 5.58 所示的样例。

图5.58 钥匙扣样例

5.5.7 作品欣赏

图 5.59 所示是 LaserBlock 开源社区的各种照片雕刻作品，供大家参考、欣赏。

图5.59 激光切割照片作品展示

5.6 平面项目6 直尺

5.6.1 项目目标

知识与技能

（1）掌握“矩形阵列”工具的使用方法，快速建模。
（2）掌握“橡皮擦”工具的使用方法，擦除线段。
（3）掌握“线段”工具中的连接功能，连接两截线段。

思维培养

◆设计思维
（1）预见制品实用性和艺术性的统一。
（2）预见制作设计与制作效果的匹配情况。
◆计算思维
（1）知道制品上的图形、字体的制作方式。
（2）知道重复绘制文本或图形的制作方式。
◆工程思维
（1）认识不同制作材料的时间成本、材料成本。
（2）认识不同制作材料和制作效果对用户的吸引力。

社会责任与道德素养

（1）不制作锋利物品，特别是有尖角形部分的作品，避免给他人带来伤害。
（2）在练习时可在样式上模仿他人作品，创作时须做改良式创新。

5.6.2 应用场景

“刻度作图它全能，一生耿直不弯行，生活学习好帮手，笔纸相伴不求名。”你知道这条谜语的谜底吗？谜底就是尺子，如图 5.60 所示。尺子在生活中是用来测量长度的工具，常用来辅助绘图。尺子的种类很多，有三角尺、计算尺、软尺、拉尺等。想一想日常使用的直尺都有哪些元素？发挥你的创意，设计与制作一把实用而又美观的直尺。

图5.60 尺子

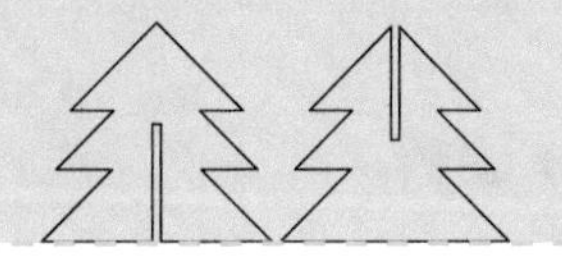

5.6.3 项目分析

（1）制件外形：轮廓可参考市面上能买到的卡通尺子绘制，通过切割实现。

（2）制件内容：在制件材料面形成标注刻度的符号。

（3）制件尺寸：根据需求设定制件尺寸。

（4）使用方式：考虑尺子是用作学习用具还是装饰性物品，考虑是否需要做防水、防霉、上色等处理。

（5）材料选择：椴木胶合木板或亚克力板。

（6）工艺效果：描线效果。

5.6.4 建模过程

直尺建模流程如图5.61所示。

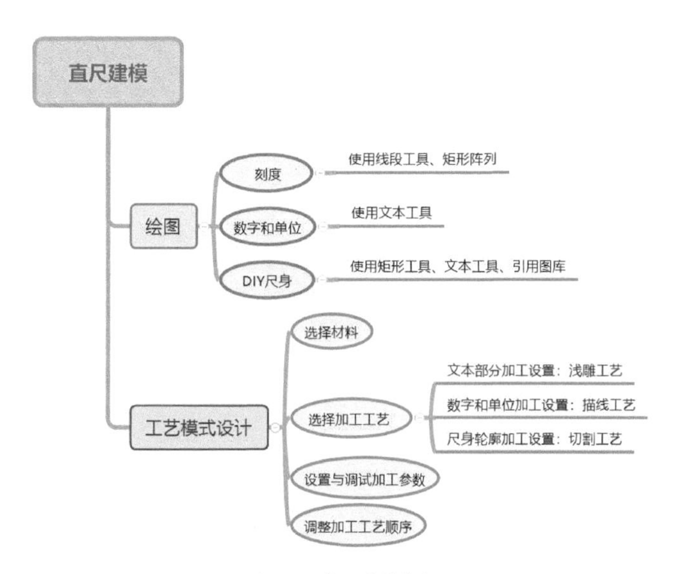

图5.61　直尺建模流程

1．调研与手绘设计

量一量

根据你的项目设计，把尺子的尺寸填到下表。

数据记录　　　　　　　　　　　　单位：mm	
长：	宽：

画一画

请根据自己的测量数据和设计元素，在框内绘制出直尺设计图。

2．软件绘图

经过对直尺的分析，我们可以通过 4 个步骤把直尺绘制出来。

（1）使用“线段工具”绘制刻度

单击“线段工具”，在绘图区空白区域绘制一条长 3mm 的线段。单击“矩形阵列”工具，在“矩形阵列”对话框中的“水平个数”栏输入“10”，“垂直个数”栏输入“1”，水平间距栏输入“1”mm，单击“确定”，即可完成 10 条线段的绘制，如图 5.62 和图 5.63 所示。

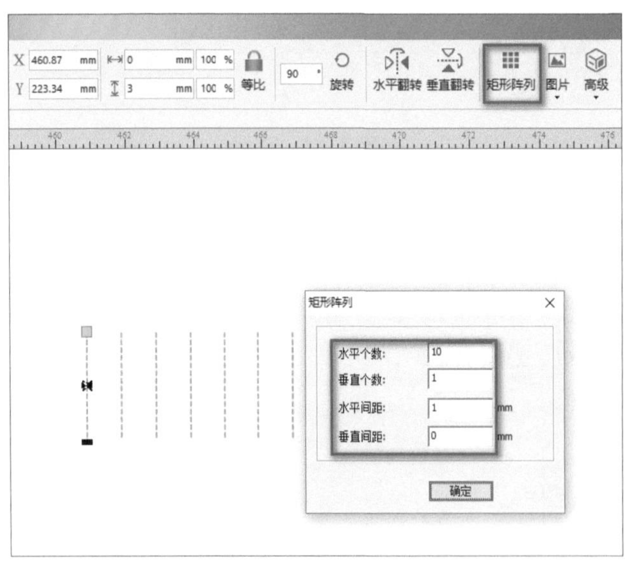

图5.62　设置绘制参数

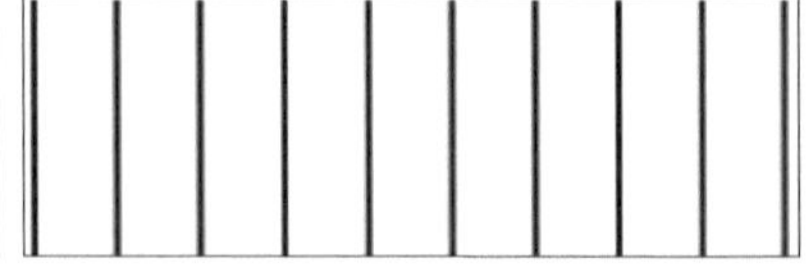

图5.63　绘制好10条线段

单击第一条线段，将其高度改为 5mm，然后单击第 6 条线段，将其高度改为 4mm。这两条线段上端要与其他线段对齐，如图 5.64 所示。

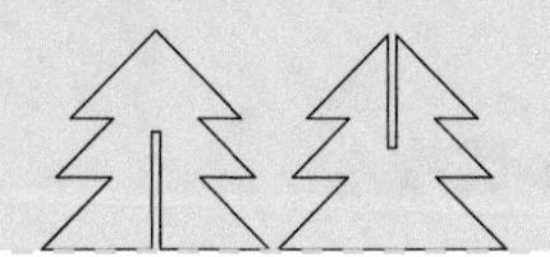

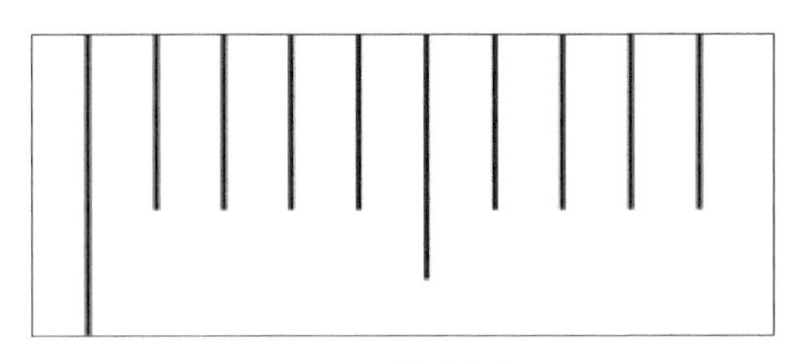

图5.64 修改高度

选中10条线段，单击“矩形阵列”，在“矩形阵列”对话框中，在“水平个数”栏输入“10”，“垂直个数”栏输入“1”，水平间距栏输入“1”mm，单击“确定”，完成复制后，将最后一条线段的高度设置为5mm，使用对齐参考线，将其与其他线段保持在同一水平面上，刻度即绘制完成，如图5.65所示。

图5.65 刻度绘制完成

（2）使用“文本工具”绘制长度数值和单位

单击“文本工具”，将鼠标指针移至刻度下方，然后双击，在“绘制文本”框内输入数字“0”，如图5.66所示。选中绘制好的数字“0”，将其高修改为“3mm”，宽修改为“2mm”，并将数字“0”的中心与第一条线段对齐。如图5.67所示。

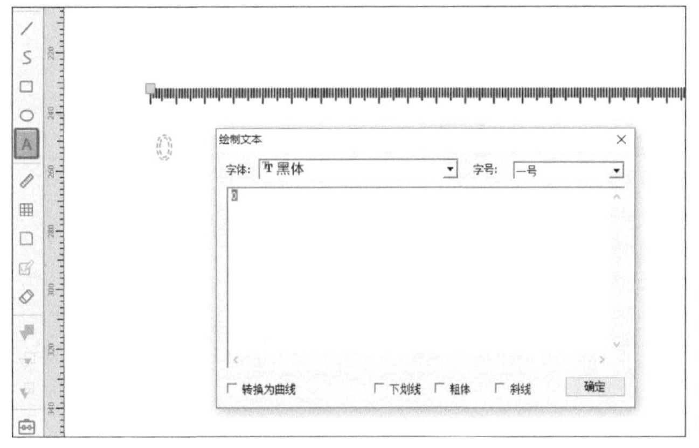

图5.66 输入文本“0”

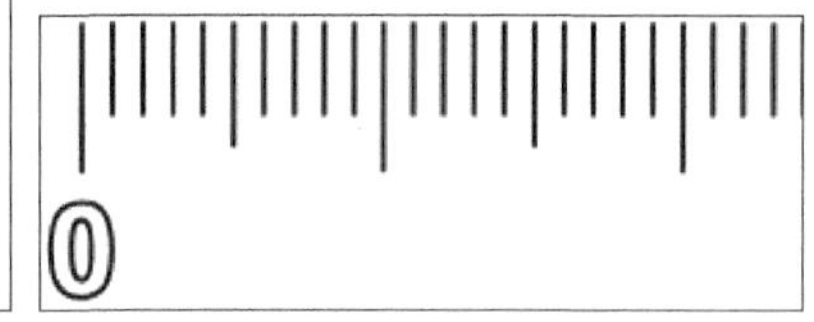

图5.67 将数字“0”的中心与第一条线段对齐

选中数字“0”，单击“矩形阵列”，在“矩形阵列”的对话框中在“水平个数”栏输入“21”，“水平间距”栏输入“8”mm，单击“确定”，即可出现21个“0”。双击第2个“0”，将其文本数字改为“1”，以此类推，将最后的数字设为“20”，且将每个数字与其对应的线段中心对齐，即可完成长度数值的绘制，如图5.68和图5.69所示。

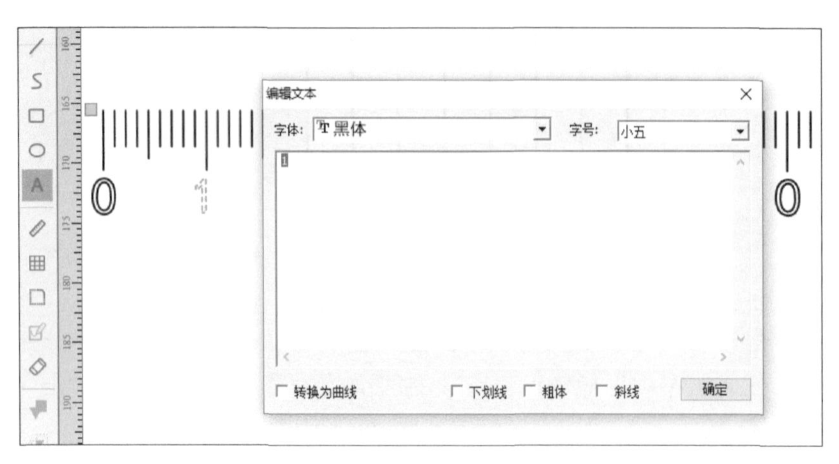

图5.68　修改其他数字

图5.69　将数字与线段中心对齐

在长度数值“0”的右边加上单位“cm”（厘米）。单击“文本工具”，将鼠标指针移至“0”右边位置，双击，在“绘制文本”框内输入“cm”，调整位置，即可完成单位的绘制，如图 5.70 所示。

图5.70　绘制单位

（3）绘制尺身

- 使用“矩形工具”绘制尺身

单击“矩形工具”，将鼠标指针移至绘图区空白处，绘制一个长方形，将长方形的宽修改为 240mm，将高修改为 20mm。选中长方形，使长方形的上边与刻度对齐即可，如图 5.71 所示。

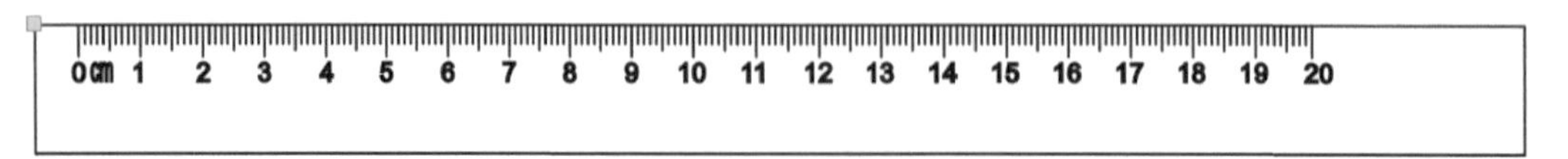

图5.71　绘制长方形

- 使用“选择图库”添加“鸵鸟”图形

在“选择图库”的下拉选项框中单击“2. 动物图形”，找到“鸵鸟”图形，将其拖曳到绘图区空白处，如图 5.72 所示。

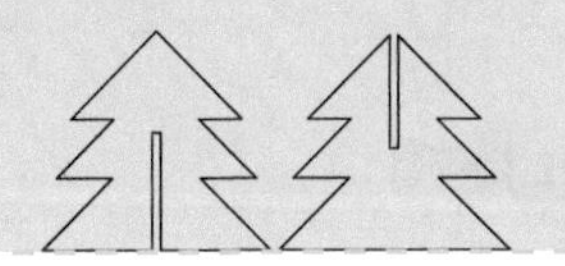

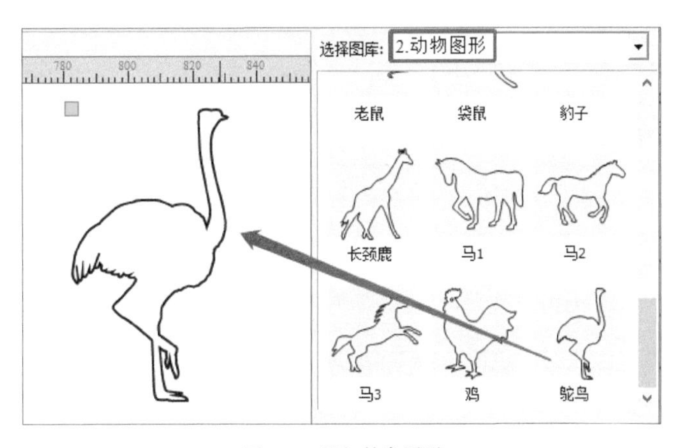

图5.72 添加鸵鸟图形

- 使用“橡皮擦工具”去除线段

将“鸵鸟”移至尺身右边空白处，选中鸵鸟图形，将其放大到适合的尺寸；单击“橡皮擦工具”，在“橡皮擦”对话框中，输入“1”，将鼠标指针移至鸵鸟与矩形的两个交点处，单击鼠标左键，将鸵鸟与尺身重合的线段擦除。继续单击“橡皮擦工具”，在“橡皮擦”对话框中，输入“0.5”，将鼠标指针移至鸵鸟与矩形的两个交点处，单击鼠标左键，将相交处的线段擦除。确保鸵鸟以矩形线段为参考线，分成上下两部分，如图5.73所示。

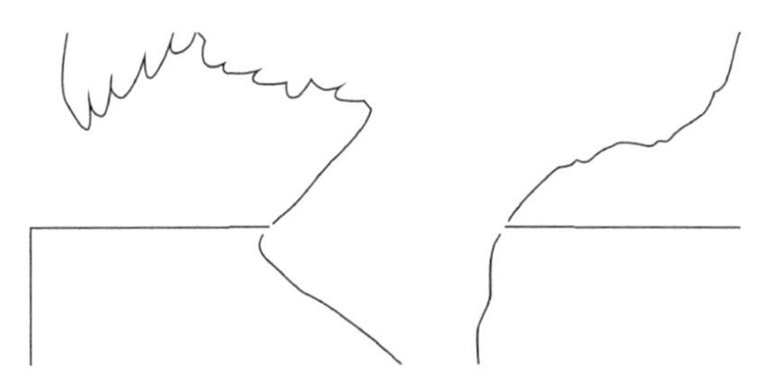

图5.73 将鸵鸟分成上下两部分

- 使用“线段工具”连接图形

单击“线段工具”，单击“连接线段”，将鸵鸟上半部分与矩形连接起来，形成闭合图形，如图5.74所示。

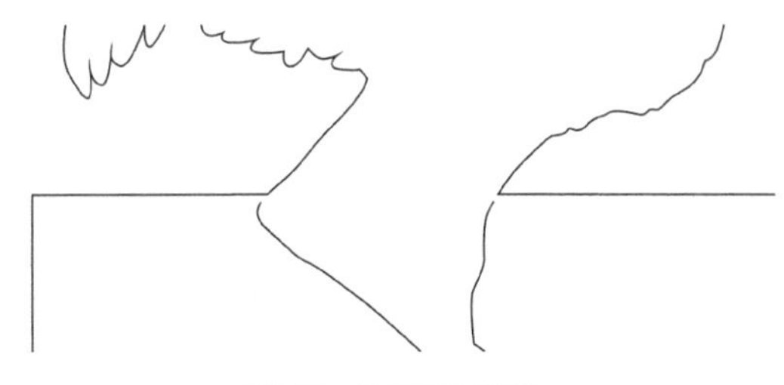

图5.74 形成闭合图形

- 使用“文本工具”输入文本内容

单击“文本工具”，将鼠标指针移至刻度与鸵鸟之间，双击，在“绘制文本”框内输入文字“工匠精神”，单击“确定”，鸵鸟直尺的图形就绘制好了，如图5.75所示。

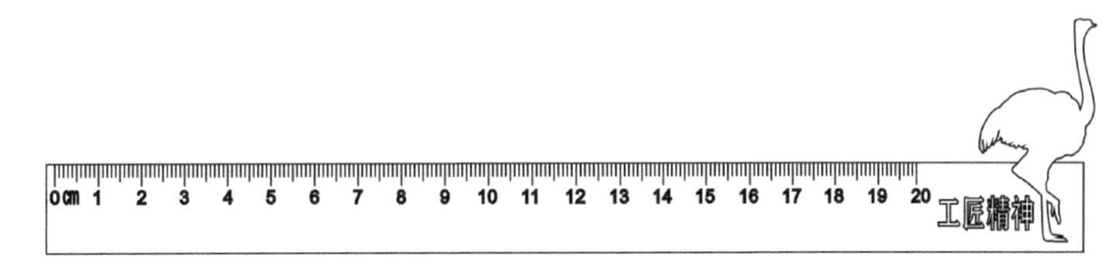

图5.75 输入文字

（4）设置加工参数

如图 5.76 所示，选中文本对象，将其设置为“黄色浅雕”工艺图层，双击其对应的工艺图层，弹出“加工参数”对话框，设置加工材料为亚克力板、工艺为浅雕、加工厚度为 0.1mm。

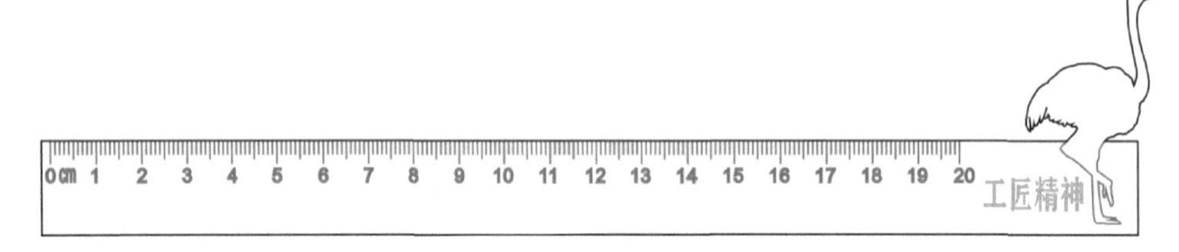

图5.76　设置工艺图层

选中矩形内鸵鸟对象、刻度以及刻度单位，将它们设置为“红色描线”工艺图层，双击其对应的工艺图层，弹出“加工参数”对话框，设置加工材料为亚克力板、工艺为描线、加工厚度为 0.1mm。

选中尺身的轮廓对象，双击其对应的“黑色切割”图层，设置加工材料为亚克力板、工艺为切割、加工厚度为 3mm。

最后拖动工艺图层，调整加工工艺的顺序为浅雕→描线→切割，如图 5.77 所示。

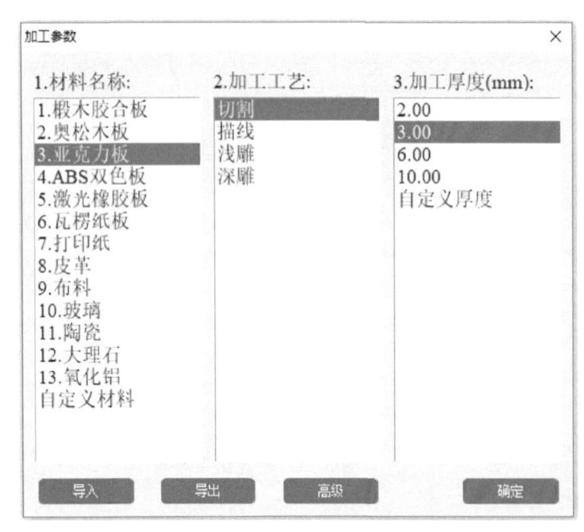

加工工艺	速度	功率	输出
浅雕	500.0	12.0	☑
描线	200.0	7.0	☑
切割	25.0	70.0	☑

图5.77　设置加工参数和调整加工工艺顺序

思考与调试

（1）注意选定不同对象进行参数调试，体验刻度描线、尺面的文字、卡通图形等参数设置的效果，可进入“雕刻参数”对话框，微调参数，使制作效果达到最优。

（2）注意卡通图形的外形和内部切割参数值的效果调试。

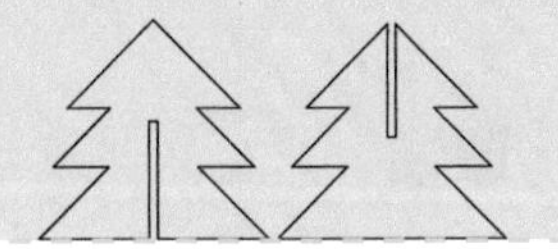

5.6.5 成品展示

成品如图 5.78 所示。

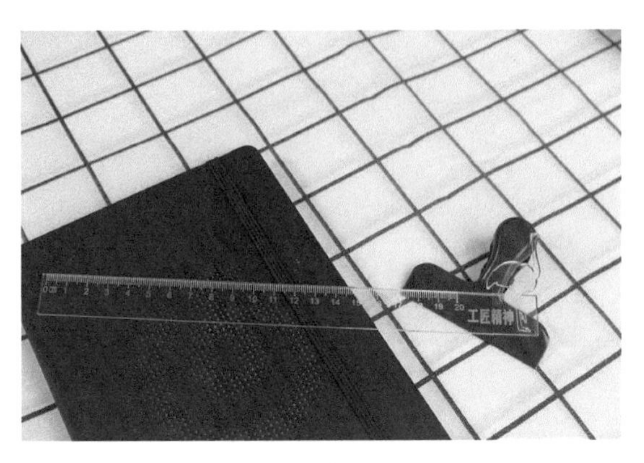

图5.78 成品展示

5.6.6 拓展练习

参考图 5.79 所示的样例，用 LaserMaker 绘制出这两把三角尺，或者根据你的想法，设计得更具有个性。

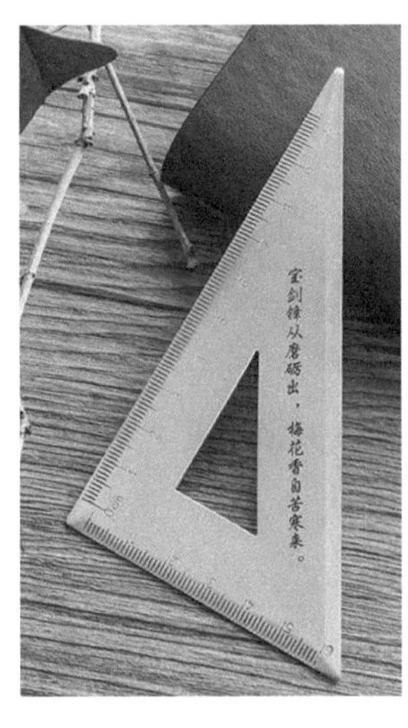

图5.79 三角尺

5.6.7 作品欣赏

图 5.80 所示是 LaserBlock 开源社区的各种直尺作品，供大家参考、欣赏。

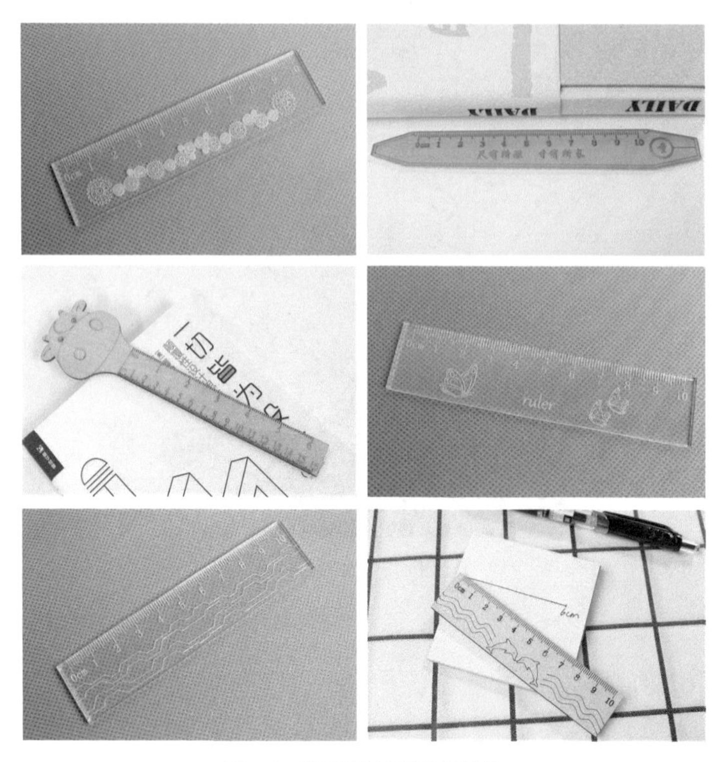

图5.80　激光切割直尺作品展示

使用激光切割技术制作的作品中，有平面作品也有立体作品。

用切割成的二维结构件（积木件）搭建成的模型，既有简易装置，也有工艺卓绝的模型，其堆叠嵌套的精妙之处，让人叹为观止。万丈高楼平地起，让我们从基本建模方法学起，从点、线、图形二维建模，转向由点、线、面构成的三维物体建模。

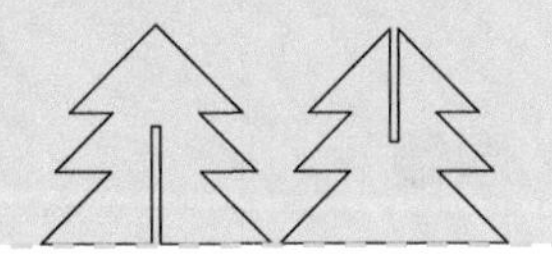

5.7 立体项目1 存钱罐

5.7.1 项目目标

知识与技能

（1）掌握利用“矩形阵列”工具进行多图形复制的操作方法。

（2）掌握“图库”素材与“对齐参考线”的综合运用方法。

思维培养

◆设计思维

（1）了解透视物体造型和规则几何体的关系。

（2）预见几何体造型与制品应用场景的匹配效果。

◆计算思维

（1）掌握规则几何体造型解剖成线面关系的计算。

（2）掌握规则几何体切面图形分析与建模绘制计算。

◆工程思维

（1）认识用平面堆叠法形成规则几何体的设计与搭建过程。

（2）建立对堆叠材料的黏合、贴合度、制作量和成本的控制认识。

社会责任与道德素养

（1）作品内容健康文明，要注意保护信息安全，要遵守信息法律法规、信息伦理道德规范。

（2）在练习时可在样式上模仿他人作品，创作时须做改良式创新。

5.7.2 应用场景

存钱罐是用来存放钱币的罐子，材质一般为陶瓷或塑料，上端有孔隙以塞入钱币，下方有大一点的开口以便把钱取出，如图5.81所示。当然，也有很大一部分陶罐是没有开口的，只能在需要用钱币时将其砸碎以取出钱币。

家长送给孩子存钱罐的本意都是帮助孩子认识货币，培养孩子的理财能力。观察存钱罐的形态、结构，思考如何设计和制作一个简易的存钱罐。

图5.81 存钱罐

5.7.3 项目分析

（1）制件外形：根据个人喜好可选择圆柱体、立方体或多面体。

（2）建模方法：立方体、六面体等均为规则几何体，可以利用平面连接的方式拼合切割件。但曲面体或多面体平面的连接要采用其他方法，例如平面堆叠的方式，将几何体按其中一个方向切面进行图形透视，绘制二维图形，再通过阵列复制生成多平面图形。

（3）制件尺寸：设计切面图形的尺寸。

（4）黏合方式：可使用适用于木头的强力胶水黏合，也可通过纵轴穿孔的方式固定。

（5）材料选择：可选用椴木胶合木板、亚克力板或奥松木板。

（6）工艺效果：以切割工艺为主，使用层叠结构。

5.7.4 建模过程

存钱罐建模流程如图 5.82 所示。

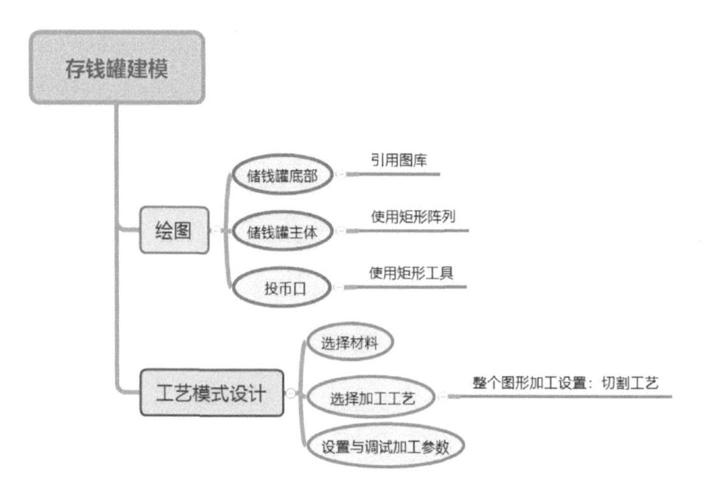

图5.82　存钱罐建模流程

1. 调研与手绘设计

量一量

根据项目设计在下表中标注你设计的存钱罐的长、宽、高各是多少。

数据记录　　　　　　单位：mm		
长：	宽：	高：

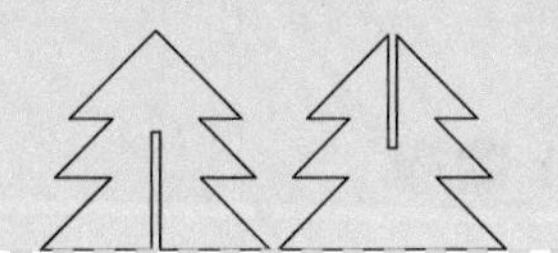

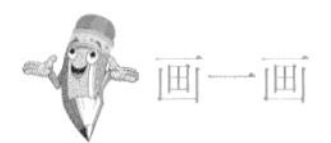

画一画

请根据自己的测量数据和设计元素，在框内绘制出存钱罐的设计草图。

2. 软件绘图

对存钱罐进行结构分析后，我们可通过 4 个步骤完成存钱罐的图形绘制。

（1）绘制存钱罐底部

在“选择图库”的“1.常用图形”中，单击“正六角形”，按住不放，将其拖曳到绘图区，即可添加图形，如图 5.83 所示。添加“正六角形”后，可根据测量的尺寸更改正六角形的尺寸，将其作为存钱罐的底部。

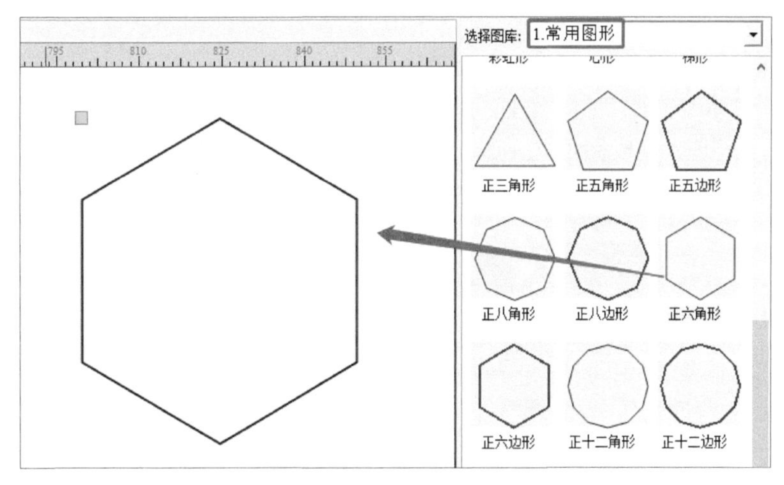

图5.83　从“1.常用图形”中选择正六角形

（2）绘制存钱罐主体

选中正六角形，单击鼠标右键，在选项框中单击“复制”，再次单击右键选择“粘贴”，复制出两个正六角形。也可直接使用快捷键 Ctrl+C 和 Ctrl+V 来完成复制，如图 5.84 所示。

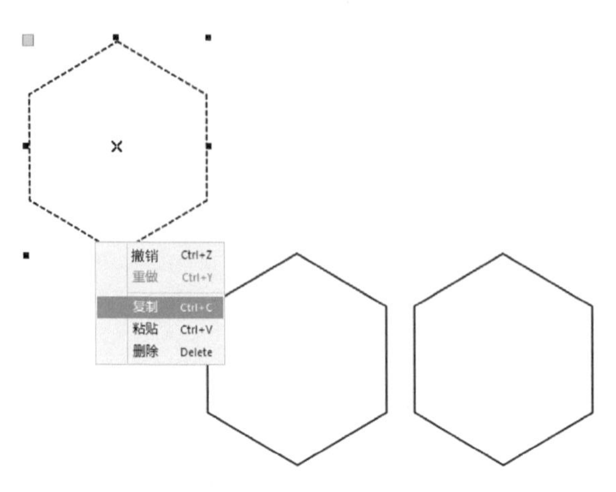

图5.84　复制两个正六角形

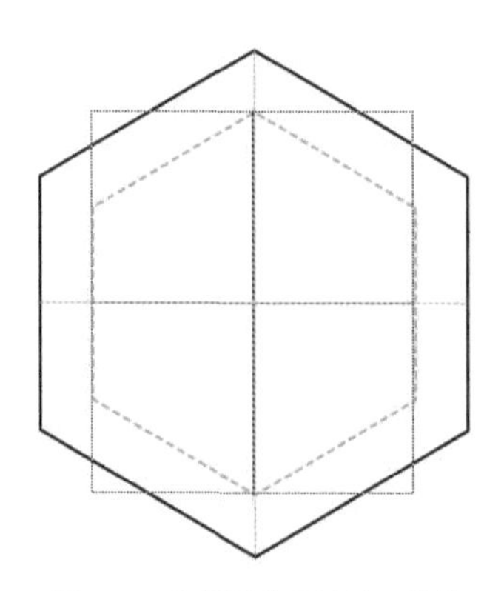

图5.85　存钱罐的主体外观绘制

下面将其中一个正六角形的尺寸缩小。选中正六角形，将鼠标指针移至其外框边缘，按住鼠标左键移动鼠标指针，可直接缩小图形。也可通过调整宽度与高度的数值修改其尺寸。

将缩小的正六角形移至大正六角形中，参考对齐参考线将其置于中心，形成环形正六角形，如图 5.85 所示。

如图 5.86 所示，选中环形正六角形，单击“矩形阵列”，弹出“矩形阵列”对话框，在“水平个数”栏输入“6”，“垂直个数”“水平间距”和“垂直间距”栏都输入“3”，单击“确定”，即可完成图形的复制。存钱罐的主体部分就绘制完成了，如图 5.87 所示。

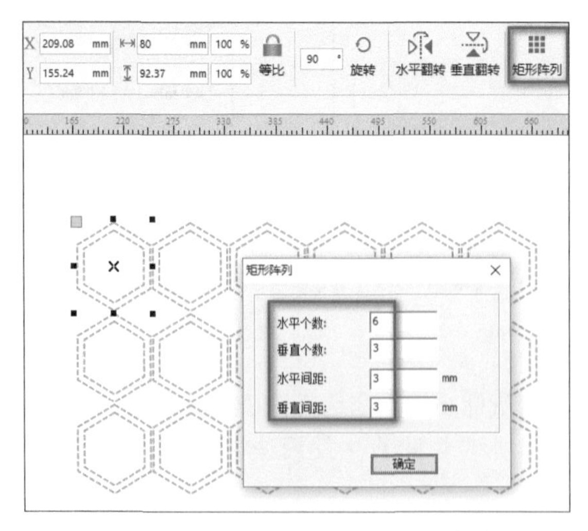

图5.86　用矩形阵列绘制18个环形正六角形

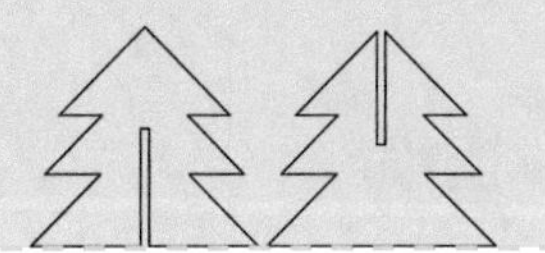

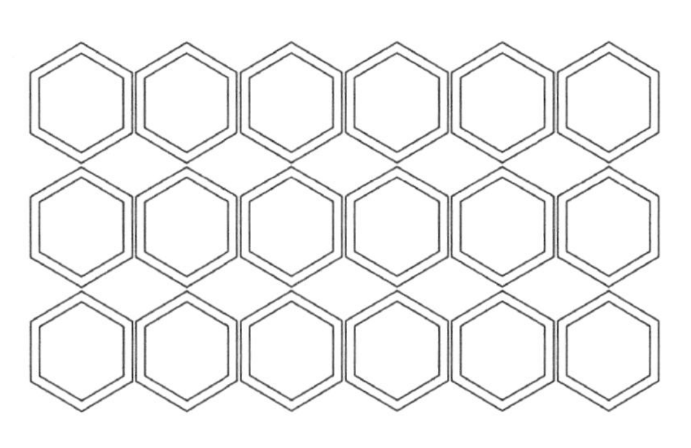

图5.87　主体部分绘制完成

（3）使用“矩形工具”绘制投币口

- 选中存钱罐底部的正六角形，单击鼠标右键，复制一个正六角形。单击“矩形工具”，在正六角形中绘制一个长方形。一元硬币的直径为25mm，厚度为1.85mm，投币口要大于这个尺寸。将矩形的长设为45mm，宽设为10mm。使用“对齐参考线”将长方形移动至正六角形中心，投币口的绘制即可完成，如图5.88所示。

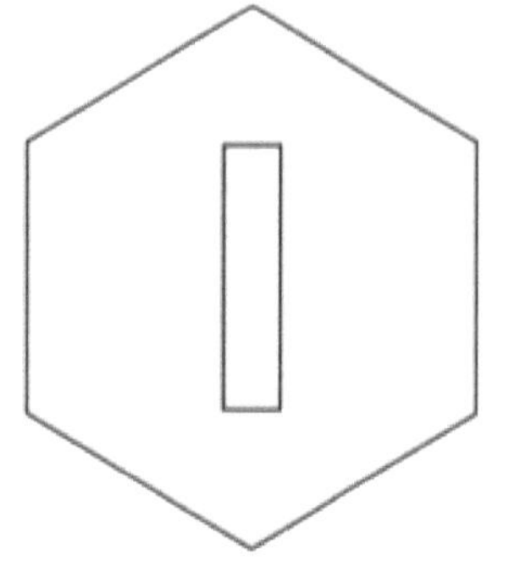

图5.88　绘制投币口

3．工艺模式设计

选中存钱罐对象，双击其对应的“黑色切割”工艺图层，弹出“加工参数”对话框，设置加工材料为椴木胶合板，工艺为切割，加工厚度为3mm，单击“确定”退出，得到默认的加工速度和功率参数值，如图5.89所示。切割试验品后，需要调整参数，可重新进入“加工参数”对话框，修改参数值。

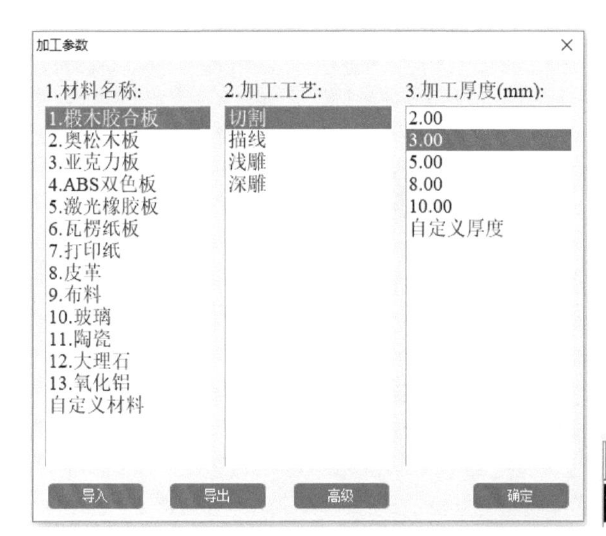

加工工艺	速度	功率	输出
切割	40.0	70.0	✓

图5.89　设置加工工艺及加工参数

思考与调试

（1）切割后的亚克力板平面图形工件是否能够黏合？

（2）存钱罐的投币孔和罐塞，在形状设计上有什么不同？请修改范例中的存钱罐，并为它设计一个塞子。

5.7.5 成品展示

将切割好的六角形工件进行逐层黏合、上色，成品如图 5.90 所示。

图5.90 存钱罐成品

5.7.6 拓展练习

本节中，我们学习了用矩形阵列工具绘制以堆叠工艺制作的存钱罐，参考图 5.91 所示样例，发挥你的创意，运用矩形阵列工具绘制一个适用于以堆叠工艺制作的小凳子。

图5.91 凳子

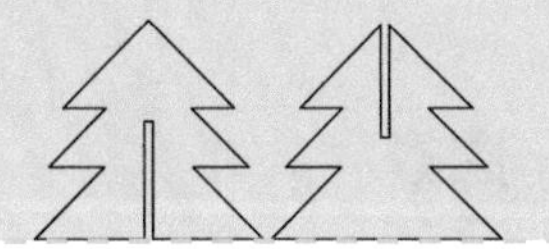

5.7.7 作品欣赏

图 5.92 所示是 LaserBlock 开源社区的各种堆叠结构作品，供大家参考、欣赏。

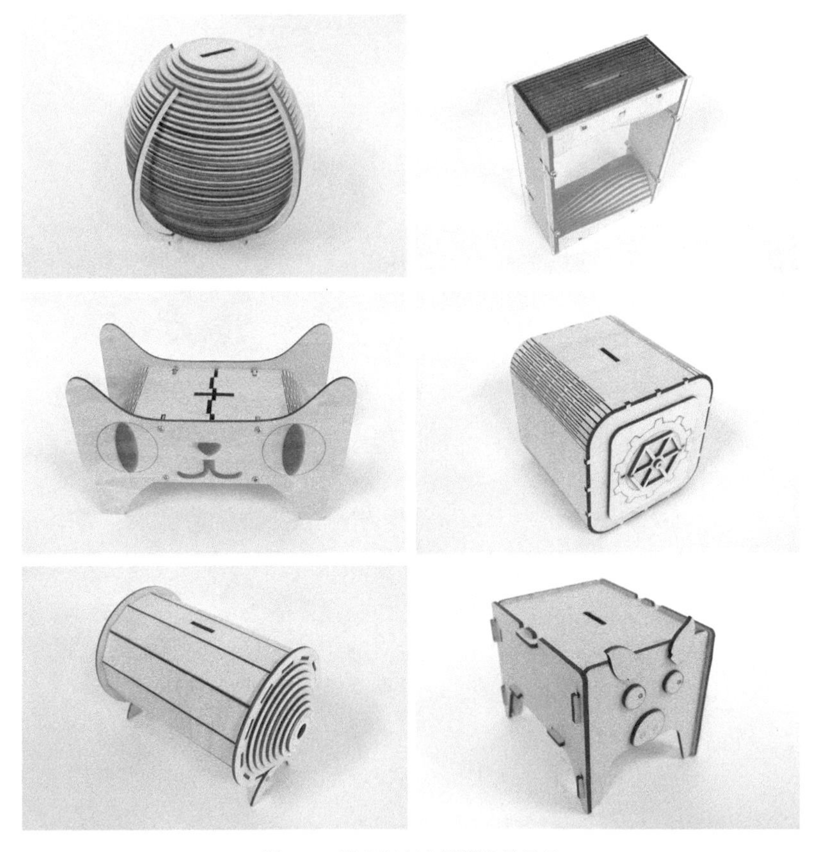

图5.92 激光切割存钱罐作品展示

5.8 立体项目 2 小松树

5.8.1 项目目标

知识与技能	掌握利用“网格工具”和“并集”“差集”工具形成其他图形的方法。
思维培养	◆设计思维 （1）知道小松树外形点、线、面形状和形体的关系。 （2）预见取小松树锥体纵向截面图形拼合后的造型效果。 ◆计算思维 （1）掌握规则几何体切面图形分析与绘制。 （2）掌握十字榫卯槽的尺寸计算方法。 ◆工程思维 （1）掌握十字榫的形态，卯槽的形状、尺寸的控制与嵌装方法。 （2）掌握相交的两个三角形平面的重心把控方法。
社会责任与道德素养	在练习时可在样式上模仿他人作品，创作时须做改良式创新。

5.8.2 应用场景

松树是松科、松属植物，如图 5.93 所示，在世界上有 80 多个品种，这些松树都具有很高的观赏价值和实用价值，不仅可以装饰环境、净化空气，还能入药、榨油、制作家具、器具等。其中，迎客松作为国宝级名松，不仅是很多文人墨客的创作至爱，还是中国人民与世界人民和平友谊的象征。

松树为轮状分枝，节间长，小枝比较细弱平直或略向下弯曲，针叶细长成束。根据小松树的形态特征，如何运用 LaserMaker 绘制和制作小松树呢？

图5.93 松树

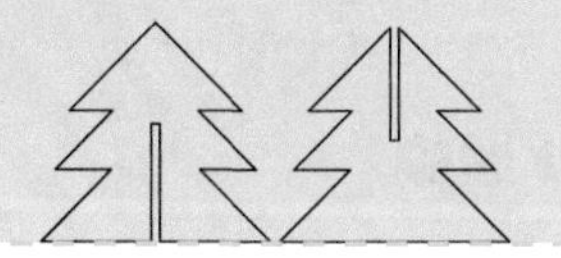

5.8.3　项目分析

（1）制件外形：属于立体造型作品，小松树整体呈锥体状，纵向切面为三角形，从上到下有层叠冠状，由此，从上到下可由多个三角形叠加而成。两片树型切片制件用十字榫的方式进行十字相交咬合。

（2）建模方法：利用并集工具，从上到下组合三角形，形成纵向切面的图形。

（3）制件尺寸：根据摆件需求设定切面图形的尺寸。

（4）拼接方式：两片树型截面制件十字相交拼插固定。

（5）材料选择：椴木胶合木板、亚克力板。

（6）工艺效果：使用切割工艺，后期上色。

5.8.4　建模过程

小松树建模流程如图 5.94 所示。

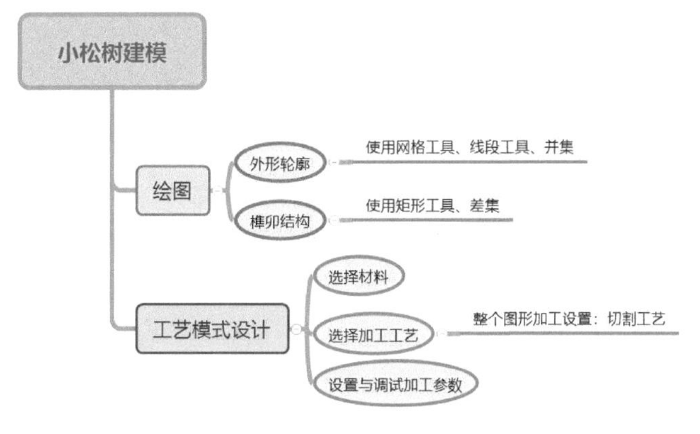

图5.94　小松树建模流程

1．调研与手绘设计

量一量

根据项目设计，在下表中填写你设计的小松树的宽、高。

数据记录　　　　　　　　　　　　单位：mm	
宽	
高	
榫卯结构	榫尺寸：
	卯尺寸：
	榫卯数量：

请根据自己的测量数据和设计元素，在框内绘制出小松树的设计草图。

2. 软件绘图

经过对小松树的结构分析，我们可以通过 3 个步骤把小松树的图形绘制出来。

（1）绘制小松树轮廓

- 使用“网格工具”和“线段工具”绘制三角形

单击“网格工具”，绘图区切换成网格模式，可放大网格。每个小网格为 10mm×10mm 的正方形，便于绘制图形。确定要绘制的三角形尺寸，如绘制一个底边长 60mm、高 30mm 的等腰三角形。单击“线段工具”，从顶点开始绘制，沿着网格绘制相应长度的线，形成一个三角形，如图 5.95 所示。

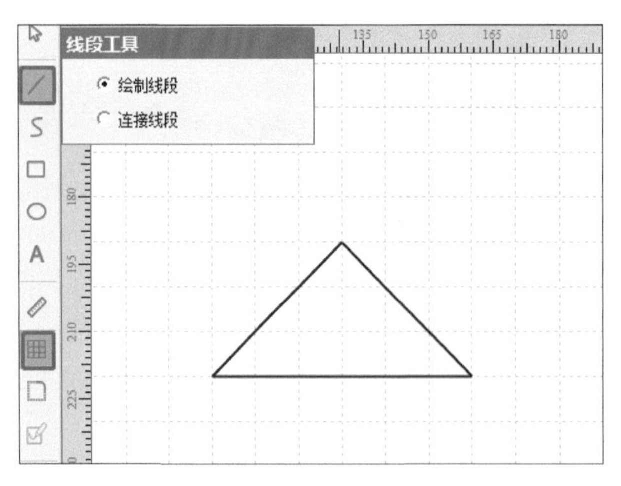

图5.95　绘制三角形

单击“网格工具”，关闭网格模式。选中三角形，使用“矩形阵列”或者复制、粘贴的方式，复制出另外两个三角形。修改三角形的尺寸，将第二个三角形的宽改为 70mm，高改为 35mm；将第三个三角形的宽改为 80mm，高改为 40mm，如图 5.96 所示。

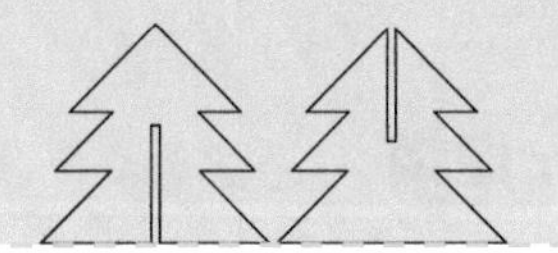

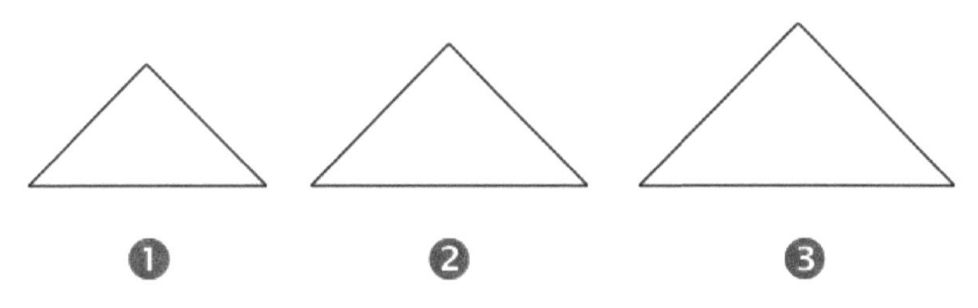

图5.96 修改三角形的尺寸

- 使用"并集工具"合并图形

使用"对齐参考线"，将第二个三角形和第三个三角形依次与第一个三角形上下连接对齐，如图 5.97 所示。选中对齐的 3 个三角形，单击"并集工具"，即可将 3 个三角形合并成一个小松树的图形。选中小松树图形，单击鼠标右键，复制出另一个小松树图形，如图 5.98 所示。

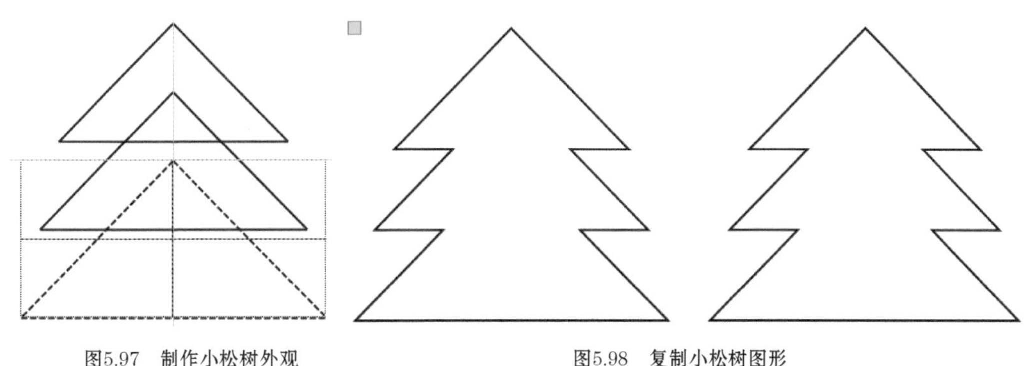

图5.97 制作小松树外观　　图5.98 复制小松树图形

（2）绘制小松树十字榫结构

- 使用"矩形工具"绘制十字榫结构

单击"矩形工具"，在绘图区空白处单击鼠标左键，按住不放拖动鼠标即可绘制长方形。将长方形的宽改为 3mm，高改为 40mm。宽 3mm 为加工板材的厚度，40mm 是小松树图形高度的一半（本例中小松树图形高度为 80mm）。单击鼠标右键，复制矩形，如图 5.99 所示。

- 使用"差集工具"优化图形

将两个长方形分别移至两个小松树图形的底部和顶部，选中第一个长方形，单击"差集工具"，即可将长方形与小松树图形重叠的部分去除。对第二个长方形也进行同样的操作，即可完成对小松树卯槽的绘制，如图 5.100 所示。当两片制件十字相插时，将形成十字榫的连接效果。

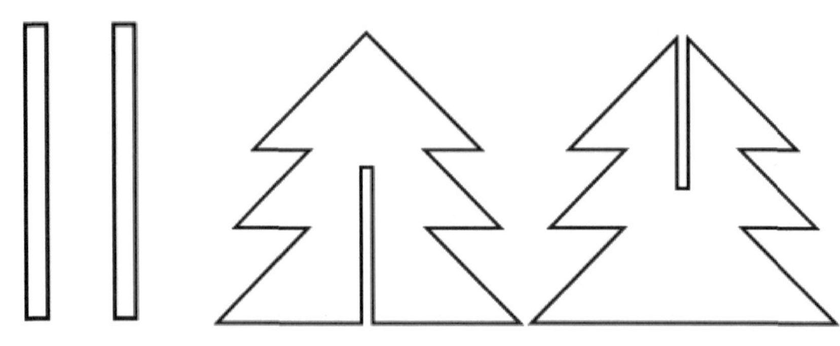

图5.99　复制长方形　　　　图5.100　小松树完整设计图

3．工艺模式设计

选中小松树对象，双击其对应的“黑色切割”工艺图层，进入“加工参数”对话框，设置加工材料为奥松木板、工艺为切割、加工厚度为 3mm，如图 5.101 所示，单击“确定”退出后，得到加工速度为 25、加工功率为 70。如需修改参数值可重新进入“加工参数”，双击对应厚度值弹出“雕刻参数”对话框，微调参数值。

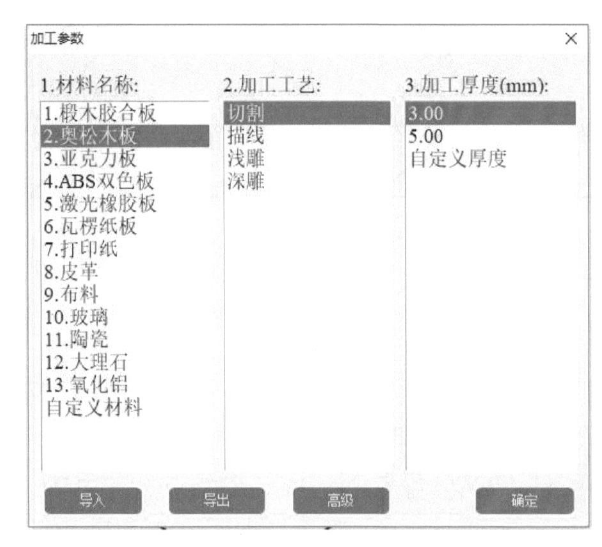

加工工艺	速度	功率	输出
切割	25.0	70.0	✓

图5.101　设置加工工艺及加工参数

思考与调试

（1）小松树是否可以由 4 片制件拼插？哪种设计可以使作品更形象？

（2）对卯槽的尺寸稍作修改，体验卯卯相接时的紧密程度。

（3）思考是否还有其他榫卯结构的拼插方法。

（4）思考树冠和树干的建模方式，研究是否可以做出树干和底座的造型。

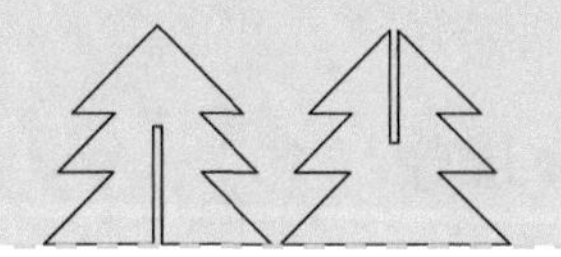

5.8.5 成品展示

成品如图 5.102 所示。

图5.102 成品展示

知识卡片

十字榫

十字榫是木工工艺榫卯结构中最为简单的一种，通过在两个工件上制作形状相同、尺寸有微小差异的卯（也可称为榫眼、卯眼或卯槽），使两个工件的凹槽在十字相交时嵌入，卯卯相接，形成咬合锁定的连接。

5.8.6 拓展练习

棕榈树属常绿乔木，树干呈圆柱形，常残存有老叶柄及其下部的叶峭。它原产于中国，除西藏外，中国秦岭以南地区均有分布，常用于庭院、路边及花坛之中，适于四季观赏。参考图 5.103 所示的样例，在 LaserMaker 中把这颗棕榈树绘制出来，也可发挥创意，设计得更有个性。

图5.103 棕榈树

5.8.7 作品欣赏

图 5.104 是 LaserBlock 开源社区的各种树的立体作品，供大家参考、欣赏。

图5.104 激光切割树木立体作品展示

5.9 立体项目3 手机支架

5.9.1 项目目标

知识与技能

掌握“矩形工具”“圆角化工具”“矩形阵列”“并集”“差集”工具的综合运用方法。

思维培养

◆设计思维

（1）观察常见手机支架的造型，学习支架造型设计和结构设计。

（2）知道手机支架面和支架脚的一般拼接方式：穿透式直榫的榫卯结构。

◆计算思维

（1）掌握手机尺寸与支架面的长度匹配计算。

（2）掌握支架面与支架脚中榫卯结构的尺寸计算。

◆工程思维

（1）了解两个平面穿透式直榫的榫卯结构关系及常见形态。

（2）了解三点确定一个平面，把握好倾斜度、支架脚的长宽与重心的处理。

社会责任与道德素养

（1）作品内容健康文明，要注意保护信息安全，要遵守信息法律法规、信息伦理道德规范。

（2）在练习时可在样式上模仿他人作品，创作时须做改良式创新。

5.9.2 应用场景

随着人们物质生活的提高以及互联网的发展，用平板电脑看电影，用手机上网购物、刷微信已经成为大家的一种生活方式。平板电脑、手机虽然非常便于携带，但缺点是没有固定的支点，使用时间过长让使用者变成“低头族”，容易患上颈椎病。所以，手机支架这样的产品应运而生，如图 5.105 所示，它起到了支撑的作用，免去了手握手机低头看对身体造成的伤害，还可以解放双手。

图5.105 手机支架

想一想手机支架的形态、结构，思考如何用 LaserMaker 绘制一款简易的手机支架。

5.9.3 项目分析

（1）制件外形：手机支架由支架面和支架脚组成。支架面部分，除了可以用矩形，还可结合动物、水果等造型设计。支架脚的长、宽要根据手机重量、尺寸、支架面的高度、倾斜的角度设计。支架面和支架脚的连接方式运用了榫卯结构，因此要考虑直榫卯插入的位置，以增大与桌面的接触范围，利于承力。

（2）建模方法：利用图形工具和差集工具进行支架面造型设计，插拼式榫卯，利用矩形工具，设计榫结构、卯结构的切割矩形，并要做好尺寸匹配计算。

（3）制件尺寸：根据手机尺寸或通用型支架尺寸需求，设定支架面、脚的尺寸。

（4）拼接方式：用穿透式直榫的榫卯结构将两片工件拼插成型。

（5）材料选择：椴木胶合木板、亚克力板。

（6）工艺效果：使用切割工艺，可根据艺术设计在木板上上色。

5.9.4 建模过程

手机支架建模流程如图 5.106 所示。

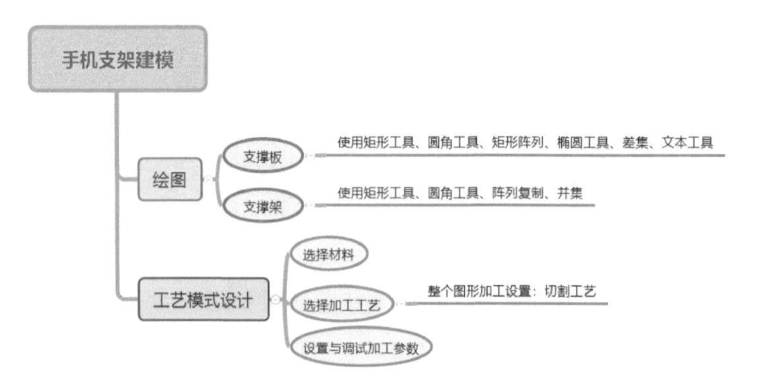

图5.106　手机支架建模流程

1．调研与手绘设计

根据你的手机或他人的手机的尺寸，你计划在 LaserMaker 软件里绘制多大的手机支架呢？请测量手机的尺寸，填写下表。

数据记录	单位：mm	
支架面	长：	宽：
支架脚	长：	宽：
榫卯结构	榫尺寸： 卯尺寸： 榫卯数量：	

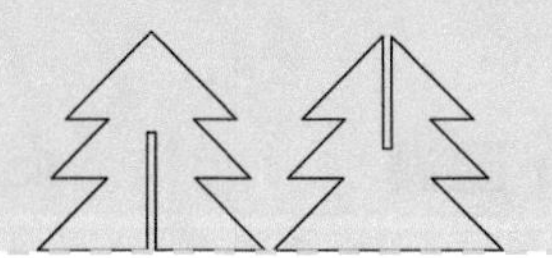

画一画

请根据自己的测量数据和设计元素，在框内绘制出手机支架的设计草图。

2．软件绘图

对手机支架进行结构分析，我们可通过3个步骤完成手机支架图形的绘制。

（1）绘制支架面

● 使用"矩形工具""圆角工具"绘制支架面形状

单击"矩形工具"，在绘图区空白处绘制一个宽100mm、高180mm的长方形，长方形尺寸可根据个人手机的尺寸进行修改。单击圆角工具，将鼠标指针分别移至长方形的4个角，单击，进行圆角化处理，如图5.107所示。

图5.107　绘制圆角长方形

● 使用"椭圆形工具""差集工具"进行造型设计

单击"椭圆形工具"，按住Ctrl键不放，在圆角长方形底部绘制一个直径为45mm的圆形，使用对齐参考线，使至对齐圆角长方形中间。选中圆角长方形，单击"差集工具"，即可在圆角长方形上裁出一个半圆的形状，如图5.108所示。

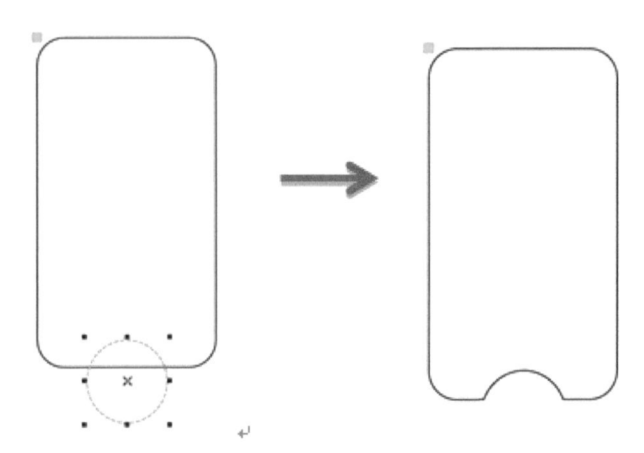

图5.108　使用"差集工具"裁出半圆形状

- 使用“文本工具”添加文字

将鼠标指针移至绘图箱，单击“文本工具”，移动鼠标指针至绘制好的圆角长方形内，双击鼠标左键，弹出“绘制文本”对话框，如图 5.109 所示，可选择自己喜欢的字体以及合适的字号，输入“5G”，单击“确定”按钮，即可完成文字的添加。

- 使用“矩形工具”“矩形阵列”绘制支架面上的卯（又称榫眼）

单击“矩形工具”，绘制一个宽 25mm、高 3mm 的长方形，单击“矩形阵列”，在“水平个数”栏输入 2，“垂直个数”栏输入 1，“水平间距”栏输入 30mm，单击“确定”按钮。将它们移至“5G”下方，对齐圆角长方形中间，如图 5.110 所示。

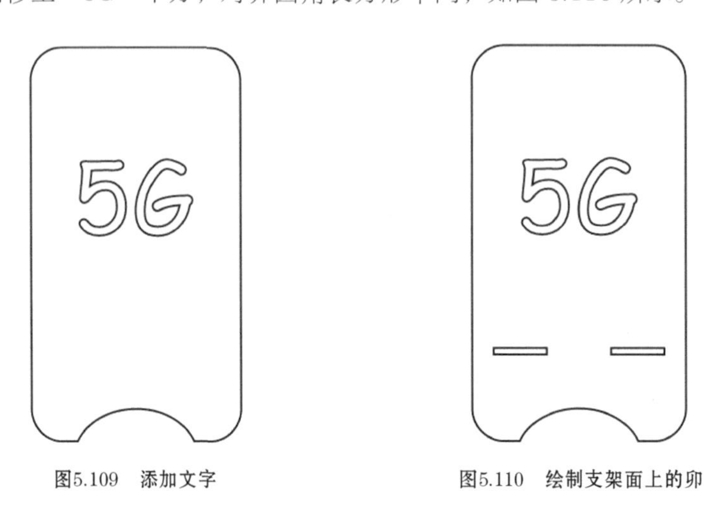

图5.109　添加文字　　图5.110　绘制支架面上的卯

（2）绘制支架脚

- 使用“矩形工具”“圆角工具”绘制圆角长方形

单击“矩形工具”，在绘图区空白处绘制一个宽 25mm、高 90mm 的长方形，单击“圆角工具”，在弹出的“圆角工具”对话框的半径中输入“5”，将 4 个角进行圆角化处理，如图 5.111 所示。

- 使用“矩形阵列”复制圆角长方形，制作榫

选中圆角长方形，单击“矩形阵列”，在“水平个数”栏输入 2，“垂直个数”栏输入 1，“水平间距”栏输入 30mm，单击“确定”按钮，即可完成复制，且间距与支撑板卯结构的间距相等，如图 5.112 所示。

- 使用“矩形工具”“并集工具”连接圆角长方形的榫

单击“矩形工具”，在两个圆角长方形中间绘制一个宽 80mm、高 20mm 的长方形，使用对齐参考线，使之处于中心位置。选中长方形和两个圆角长方形，单击“并集工具”，即可将 3 个图形合并成一个图形，如图 5.113 所示。

完后以上步骤，我们已初步完成手机支架面和支架角的绘制，如图 5.114 所示。

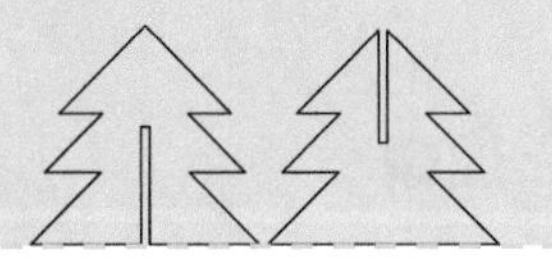

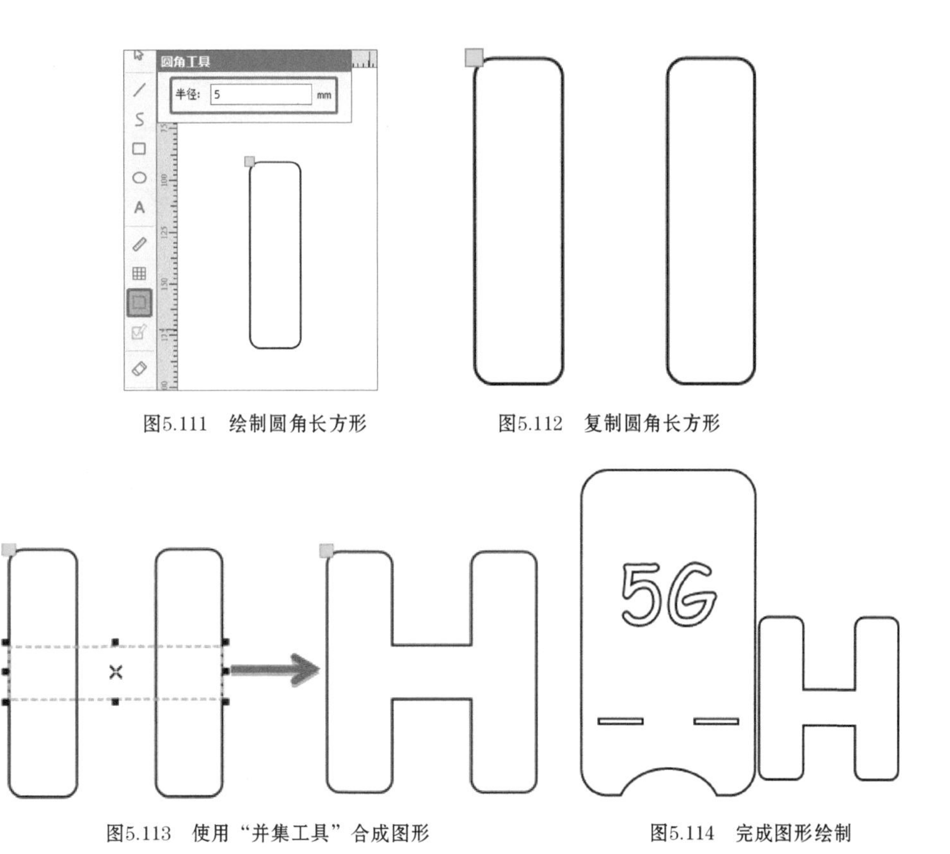

图5.111 绘制圆角长方形

图5.112 复制圆角长方形

图5.113 使用“并集工具”合成图形

图5.114 完成图形绘制

3．工艺模式设计

选中手机支架对象，双击其对应的“黑色切割”工艺图层，弹出“加工参数”对话框，设置加工材料为奥松木板、工艺为切割、加工厚度为3mm，如图5.115所示。

手机支架作品只用到了切割工艺，如需对加工参数进行微调，可进入“加工参数”对话框修改对应参数值。

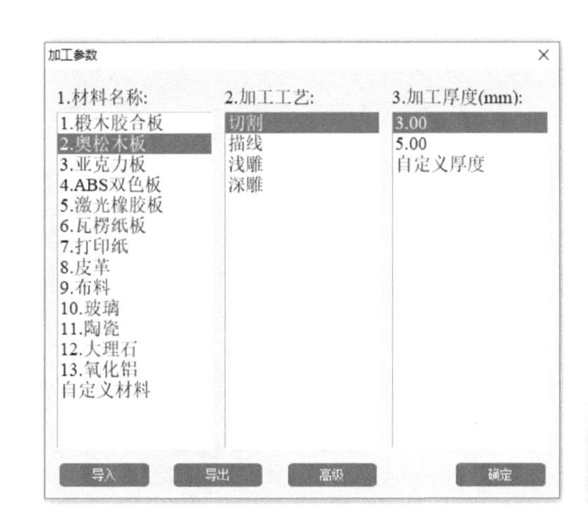

加工工艺	速度	功率	输出
切割	25.0	70.0	✓

图5.115 设置加工工艺及加工参数

思考与调试

（1）通用型手机支架承托面尺寸一般为多大？手机支架结构能够稳定的因素是什么？修改支架面、支架脚的长度，测试最小或最大长度的效果。

（2）修改支架面上的卯的位置和尺寸，对最优卯位置、尺寸进行调试。

（3）穿透部分的榫位尺寸如何调整，更适合手机直放或横放？

5.9.5 成品展示

成品如图 5.116 所示。

图5.116 成品展示

知识卡片

直榫

直榫是中国木工工艺中出现较早、使用范围最为广泛的一种榫卯结构。直榫是指与构件相连，各边角都呈直角，榫卯均为规整方体，多用于两面相接，成为明榫（穿透截面，如本案例）或暗榫（看不到榫头）。按榫肩形态，直榫可分为无肩直榫、单肩直榫、双肩直榫和周肩直榫 4 种，根据榫端数量又有单榫和复榫两种。

5.9.6 拓展练习

在刚学习做菜的时候，大家可能都喜欢跟着菜谱或视频做，如果厨台上能有一个书架放置菜谱或平板电脑，那就非常方便了，可以边看菜谱边掌勺。参考图 5.117 所示的样例，发挥你的想象，试着在 LaserMaker 软件里设计不同样式的支架。

图5.117 菜谱书架

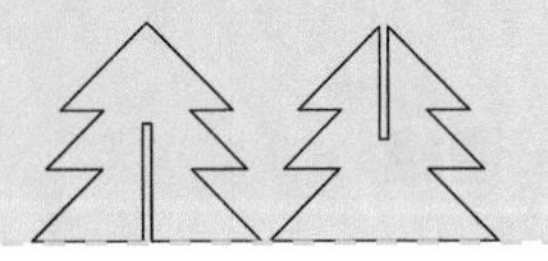

5.9.7 作品欣赏

图 5.118 是 LaserBlock 开源社区的各种手机支架作品，供大家参考、欣赏。

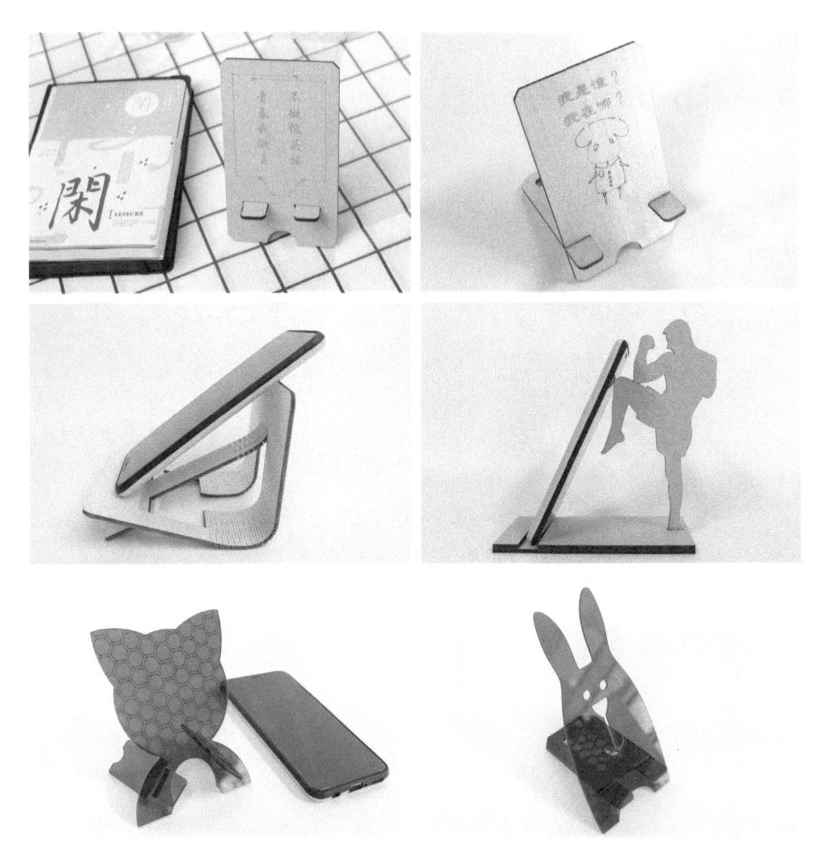

图5.118 激光切割手机支架作品展示

5.10 立体项目4 便签夹

5.10.1 项目目标

知识与技能

（1）掌握“矩形工具”“线段工具”“矩形阵列工具”“文本工具”的综合运用方法。

（2）掌握线条错位摆放形成图形阵列的操作方法。

思维培养

◆设计思维

（1）认识由硬质材料镂空切割降低材料密度，形成可弯曲曲面的设计思路和操作方法。

（2）预见哪些物件的哪个部位可以用镂空切割形成曲面的方法实现。

（3）掌握封面、封底合页扣带的设计方法。

◆计算思维

（1）掌握图形阵列切割的镂空密度及镂空幅面的计算方法。

（2）掌握矩形阵列与复制图形的设计与分布计算方法。

◆工程思维

（1）按直线图形阵列密度进行切割设计与弯曲韧度效果的实验。

（2）进行不同材料切割减材后的镂空弯曲实验，认识不同镂空密度、材料脆性对实用性的影响。

社会责任与道德素养

（1）作品内容健康文明，要注意保护信息安全，要遵守信息法律法规、信息伦理道德规范。

（2）在练习时可在样式上模仿他人作品，创作时须做改良式创新。

5.10.2 应用场景

图5.119　便签夹

在饭馆里，我们经常会看到服务员手里拿着便签夹，记录客人所点的菜品。生活中，我们也常常需要记录一些计划和紧急的事情，如图 5.119 所示。俗话说，好记性不如烂笔头，身边有一个便签夹，能够便于记录，时刻提醒自己。请想一想，如何在 LaserMaker 中设

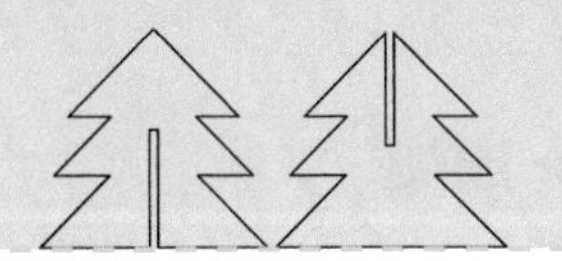

计便签夹的外壳，自制一个有个性的便签夹。

5.10.3 项目分析

（1）制件外形：便签夹或活页夹封皮，是由一片工件材料折叠为上下底面。折叠位置能够弯曲，一般用软皮制作，有利于弯曲。如果是硬皮，则使用定制模具弯曲曲面处理，或把底面切开、穿孔，用线绳串接固定。用激光切割机使用一片木板制作封面、封底，则需要将折叠位置制作成可弯曲的曲面。

（2）建模方法：利用线条工具和阵列工具，绘制、复制形成间断型线条阵列，把线条阵列错位排布，切割位、连接位剪裁均匀，计算并控制切割幅面，反复实验达到合适的宽度。合页扣带用切开条状卡位的方式扣接。

（3）制件尺寸：根据便签纸大小、纸记页的大小测度封面、封底尺寸；曲面宽度根据弯曲厚度计算，并实验其可行性。

（4）拼接方式：卡位扣带的方式。

（5）材料选择：椴木胶合木板、瓦楞纸。

（6）工艺效果：主要使用“浅雕”与“切割”工艺，在绘图中考虑在封面、封底雕刻你喜欢的文字、花纹图样等个性化设计。

5.10.4 建模过程

便签夹的建模流程如图 5.120 所示。

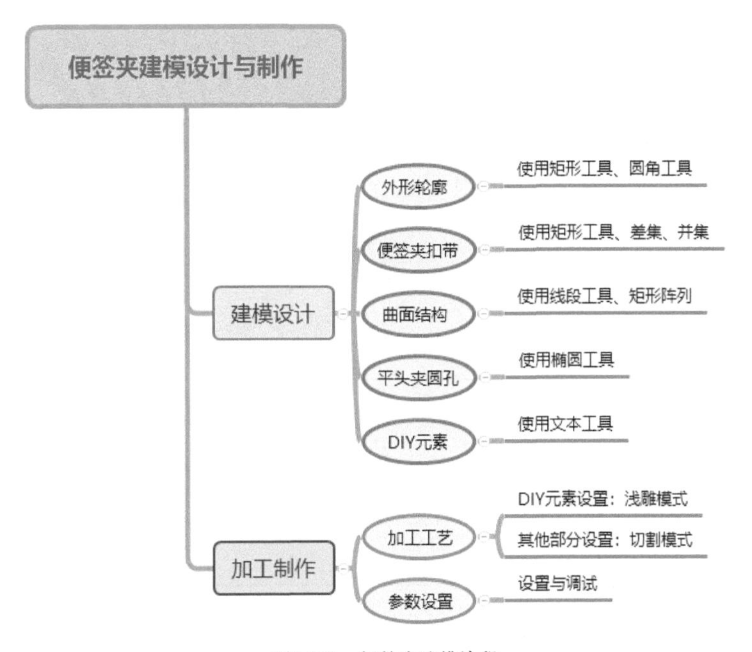

图5.120　便签夹建模流程

1. 调研与手绘设计

通过网络查询或观察实物便签夹，你决定绘制的便签夹的尺寸是多少？这个尺寸是否适合你的需求？请根据你的设计填写下表。

数据记录　　　　　　　　　　　单位：mm	
长：	宽：
平头夹长度：	孔位直径：

请根据自己的测量数据和设计元素，在框内绘制出便签夹的设计草图。

2. 软件绘图

经过对便签夹的结构分析，我们可通过 6 个步骤完成图形的绘制。

（1）使用“矩形工具”和“圆角工具”绘制便签夹外形

单击“矩形工具”，在绘图区空白处绘制一个宽 290mm、高 104mm 的长方形。单击“圆角工具”，在弹出的“圆角工具”对话框中，输入半径“10”，将鼠标指针移至长方形的 4 个角，分别对其进行圆角化处理，即可完成圆角长方形的绘制，如图 5.121 所示。

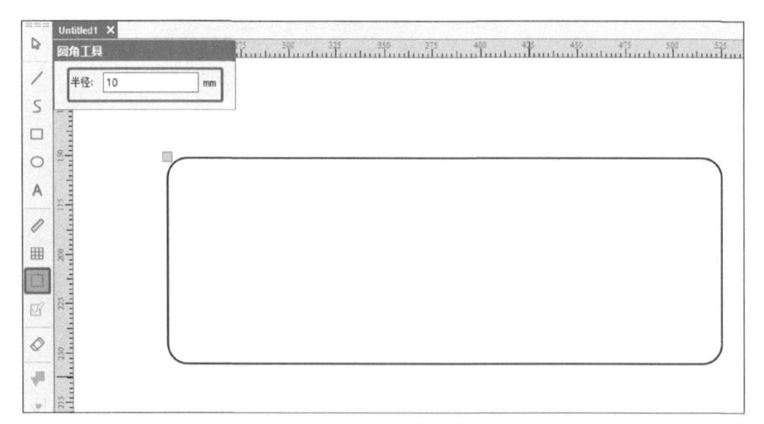

图5.121　绘制便签夹外形

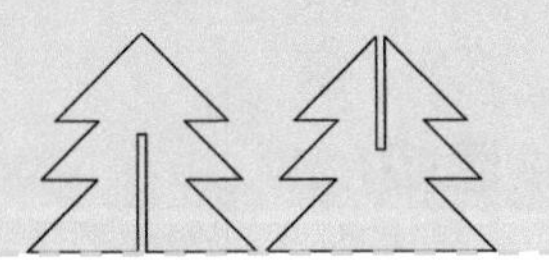

（2）使用“矩形工具”“并集工具”和“差集工具”绘制便签夹扣带

单击“矩形工具”，在绘图区空白处绘制一个宽20mm、高1mm的长方形，另绘制一个宽8mm、高1.5mm的长方形，将这个长方形移至与另一个长方形重合，同时选中两个长方形，单击“并集工具”，将两个长方形合并为一个图形，如图5.122所示。

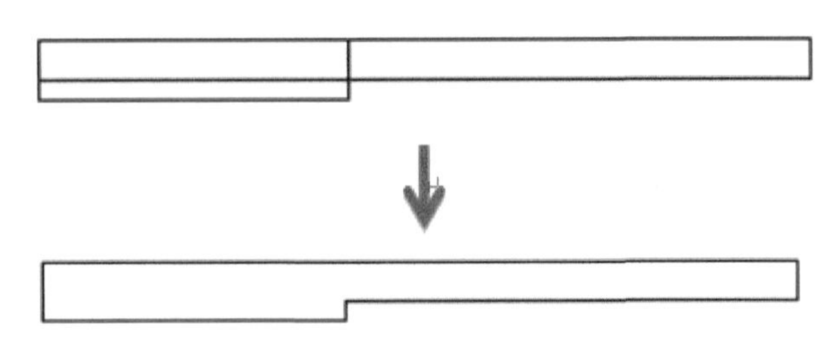

图5.122 绘制便签夹扣带

将合并后的图形移至圆角长方形右边中间对齐，修改其 Y 轴距离，将其数值减少20mm，单击，图形的位置即发生变化；同样地，复制这个图形，将其移至圆角长方形右边中间，将其 Y 轴距离增加20mm，图形将会发生位移，如图5.123所示。

如图5.124所示，同时选中便签夹扣带的图形，修改“对象原点”为左侧，将宽度修改为“21”，单击图形，图形将会向右扩展。

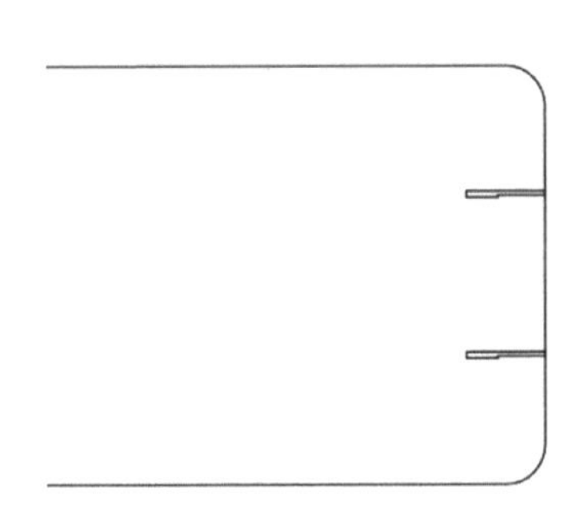

图5.123 复制和移动合并图形

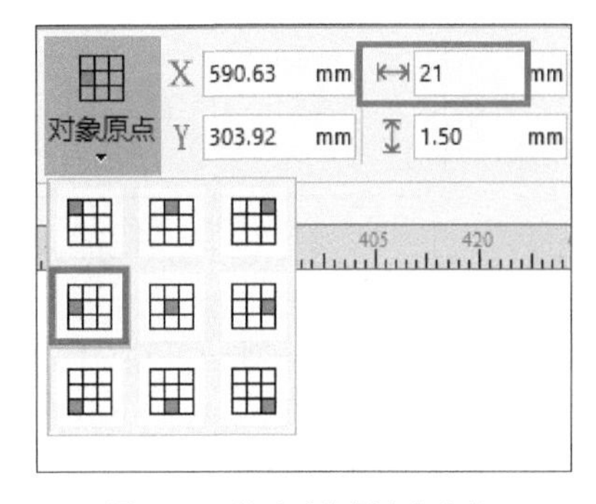

图5.124 修改对象原点和宽度

依次选中图形，单击“差集工具”，即可在圆角长方形上开出槽，如图5.125所示。

图5.125 在圆角矩长方形上开出槽

(3)使用“线段工具”“矩形阵列”绘制曲面结构

单击“线段工具”，在圆角长方形内绘制线段，修改其高为 15mm，将其移至圆角长方形最上边中间对齐。复制线段，将其移至最下边中间对齐，如图 5.126 所示。

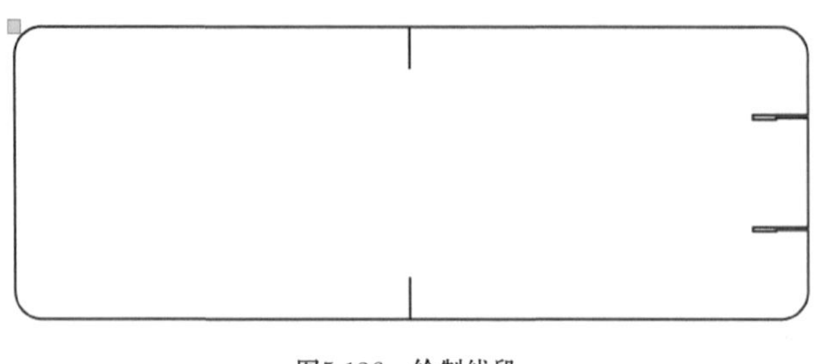

图5.126　绘制线段

单击“线段工具”，在圆角长方形内绘制高为 34mm 的线段，将其移至与上一条线段对齐，将 Y 轴数值减少 2mm，则线段往下移 2mm。复制线段，使用同样的方法将线段往下移动 2mm。如图 5.127 所示。

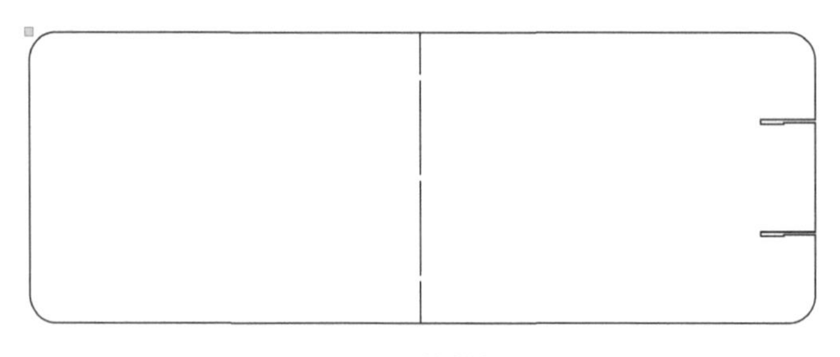

图5.127　绘制线段

单击“线段工具”，绘制一条高 31mm 的线段，单击“矩形阵列”，在“水平个数”栏输入 1，“垂直个数”栏输入 3，“垂直间距”栏输入 2.5，单击“确定”，完成复制。选中 3 条线段，将其移至与图 5.127 中的 4 条线段重合，将 X 轴的数值增加 1.68mm，则 3 条线段会向右移动 1.68mm，如图 5.128 所示。

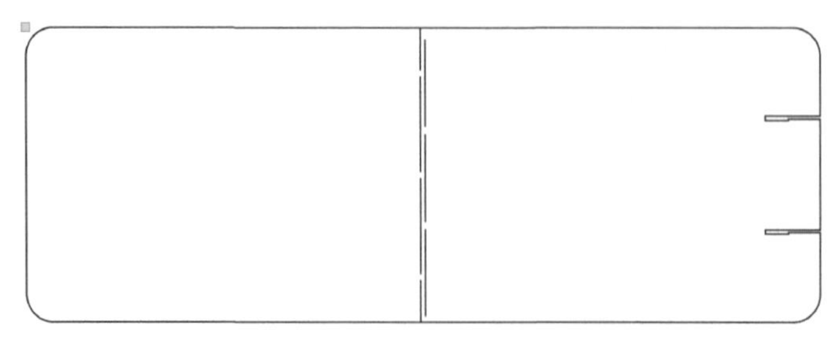

图5.128　绘制线段

选中全部线段，单击“矩形阵列”，在“水平个数”栏输入 10，“垂直个数”栏输入 1，

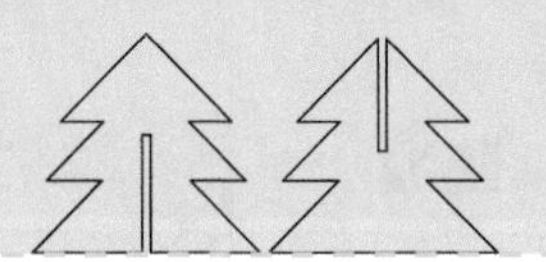

“水平间距”栏输入 1.5，单击“确定”，完成曲面结构的绘制。完成绘制后，将其移至圆角长方形中间，如图 5.129 所示。

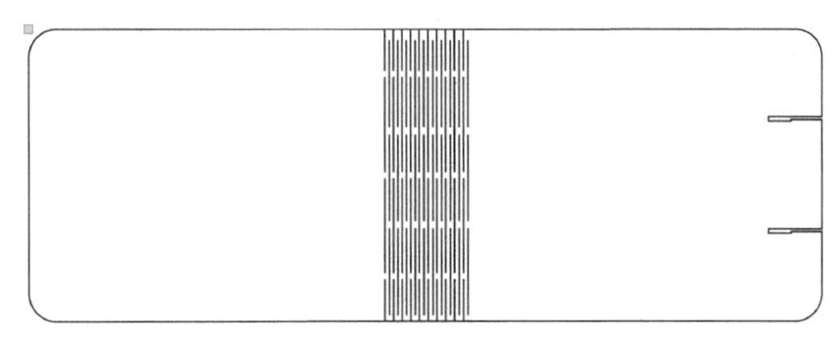

图5.129 绘制线段

（4）使用“椭圆形工具”绘制平头夹圆孔孔位

单击“椭圆形工具”，在圆角长方形中绘制一个直径为 3.5mm 的圆形，将其移至右边第一条线段的中心对齐，将 X 轴数值减少 20mm，圆形会向左移动 20mm。复制圆形，将两个圆形移至重合，将 Y 轴数值增加 70mm，则一个圆形会向下移动 70mm，使得两个圆形之间的距离为 70mm。选中两个圆形，移动，使它们上下居中，如图 5.130 所示。

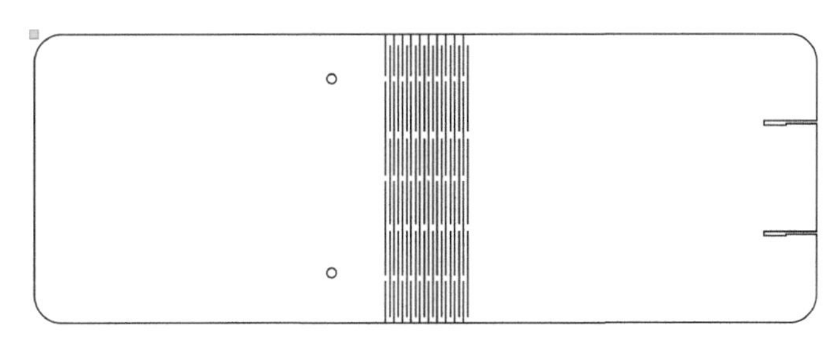

图5.130 绘制圆孔

（5）使用“文本工具”添加文字

选中图形，单击“旋转”，将其旋转 90°，单击“文本工具”，在绘图区空白处双击，在弹出的“绘制文本”对话框中，依次输入“今日事”和“今日毕”，将行高设为 15mm，移至便签夹下方中间的位置，如图 5.131 所示。

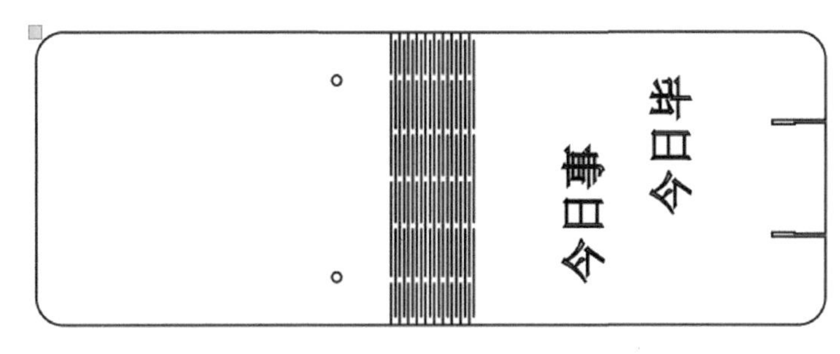

图5.131 添加文字

3. 工艺模式设计

如图 5.132 所示，选中文本对象，设置为“黄色浅雕”工艺图层，双击该图层，弹出“加工参数”对话框，设置加工材料为椴木胶合板、工艺为浅雕、加工厚度为 0.1mm。

选中便签夹其余对象，双击工艺图层，弹出“加工参数”对话框，设置加工材料为椴木胶合板、工艺为切割、加工厚度为 3mm。

最后调整加工工艺图层的顺序为：浅雕→切割，如图 5.133 所示。

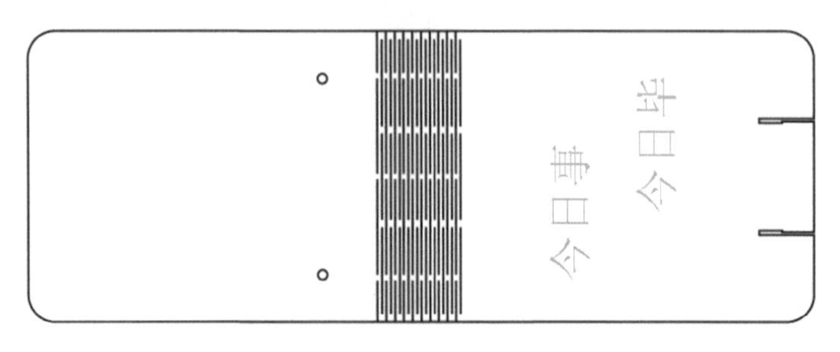

图5.132　设置工艺图层

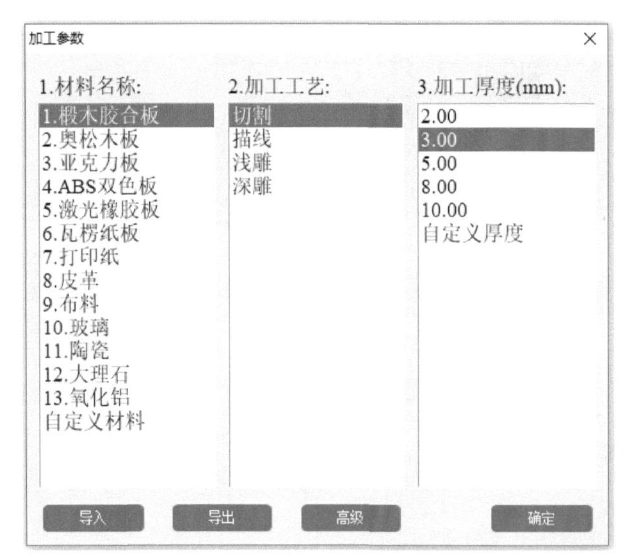

加工工艺	速度	功率	输出
浅雕	500.0	12.0	☑
切割	40.0	70.0	☑

图5.133　设置加工参数和调整加工工艺顺序

思考与调试

（1）调整线条的错位程度，实验线条布局对曲面弯曲效果的影响。

（2）删除部分线条，相当于拉开线条的间距，实验线条疏密对曲面弯曲效果的影响。

（3）探究其他线条或图形阵列的方式，通过实验尝试其加工效果。

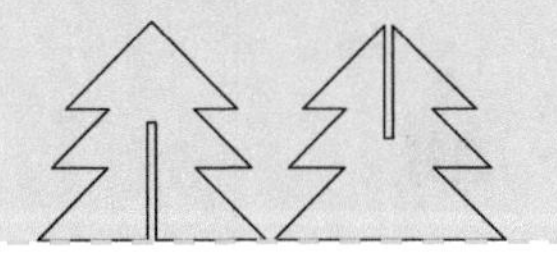

5.10.5 成品展示

成品如图 5.134 所示。

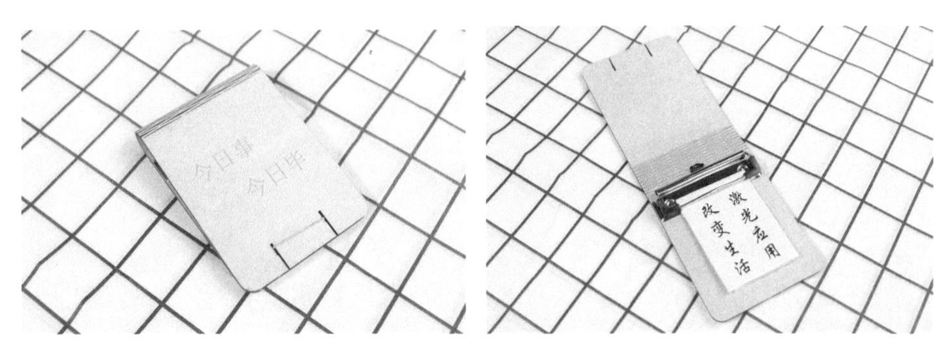

图5.134 便签夹成品展示

5.10.6 拓展练习

笔记本是重要的学习工具之一，一本有趣且创意十足的笔记本，能够增添学习的乐趣，让学习不再枯燥乏味。参考图 5.135，试着用 LaserMaker 绘制出木质笔记本外壳。

图5.135 木质笔记本外壳

5.10.7 作品欣赏

图 5.136 是 LaserBlock 开源社区的各种曲面结构作品，供大家参考、欣赏。

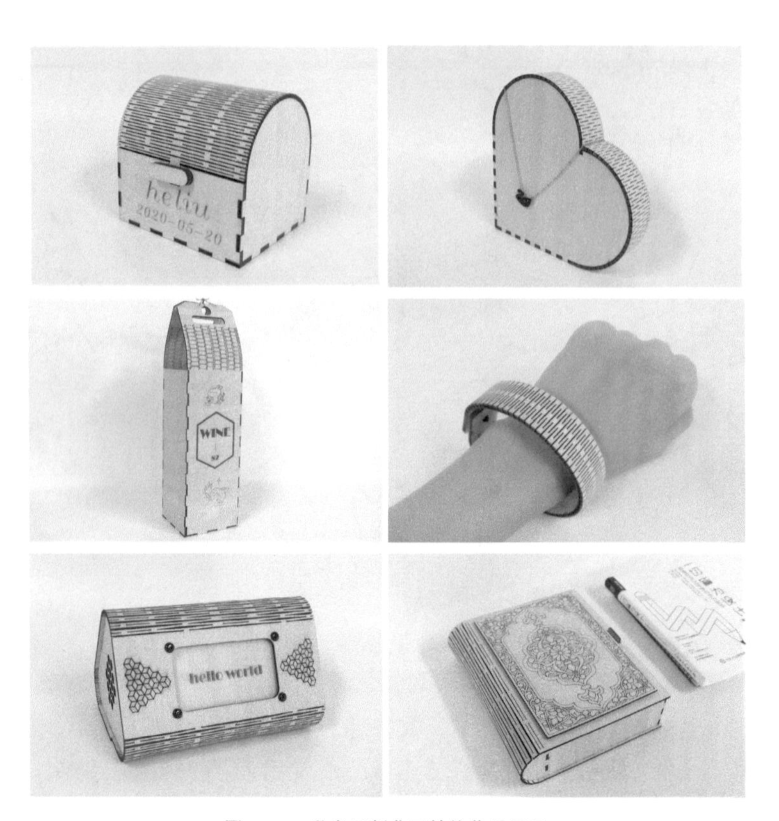

图5.136 激光切割曲面结构作品展示

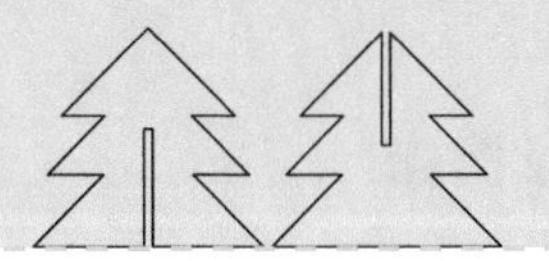

5.11 立体项目5 大黄蜂

5.11.1 项目目标

知识与技能

掌握“矩形工具”“椭圆工具”“矩形阵列”工具、“对齐参考线”“差集”“并集”“旋转”功能等的综合运用方法。

思维培养

◆设计思维

（1）能对非规则型物体进行分解与组成。

（2）认识对称型物体的切面图形绘制与实体模型构建方法。

（3）掌握直榫卯的形态、图形绘制与实体结构的设计方法。

◆计算思维

（1）对昆虫躯体与腿等组成部分进行测算，在激光切割建模软件中进行设计。

（2）掌握对纤细型肢体部分在激光切割建模软件中制作的可行性测算。

◆工程思维

（1）掌握昆虫关节部分的榫卯结构及斜面角度的技术处理。

（2）验证纤细部分切割可行性，对效果进行实验，获得经验参数值。

社会责任与道德素养

在练习时可在样式上可模仿他人的作品，创作时须做改良式创新。

5.11.2 应用场景

大黄蜂体格庞大，体态臃肿，翅膀较小，身体不成比例，爬行时显得有些缓慢、笨拙。大黄蜂成虫时期的身体外观亦具有昆虫的标准特征，包括头部、胸部、腹部、3对腿和一对触角、复眼和翅膀。成虫体多呈黑、黄、棕3色相间，或为单一色，茸毛一般比较短，腿比较长，如图5.137所示。搜索大黄蜂的图片，分析大黄蜂的身体形态特征和结构，思考如何运用LaserMaker软件将大黄蜂制作出来。

图5.137 大黄蜂

5.11.3 项目分析

（1）制件外形：大黄蜂沿躯体中轴线对称，分为脸部、躯体、腿、触角、翅膀等组成部分。根据形体特征对每个部分做截面分析，确定其截面图形形状，例如，躯干由多个椭圆组成。

（2）建模方法：躯干截面图形用椭圆工具、并集工具等连接，触角、腿等用矩形工具等绘制，躯体部分有榫、卯，脸部有卯，触角、腿等有榫，注意榫与卯的尺寸。

（3）制件尺寸：根据摆件需求确定尺寸。

（4）拼接方式：躯体跟脸部、触角、腿用插式榫卯连接。

（5）材料选择：椴木胶合木板、瓦楞纸。

（6）工艺效果：使用浅雕、描线和切割工艺，后期可以对作品进行彩绘。

5.11.4 建模过程

大黄蜂建模流程如图 5.138 所示。

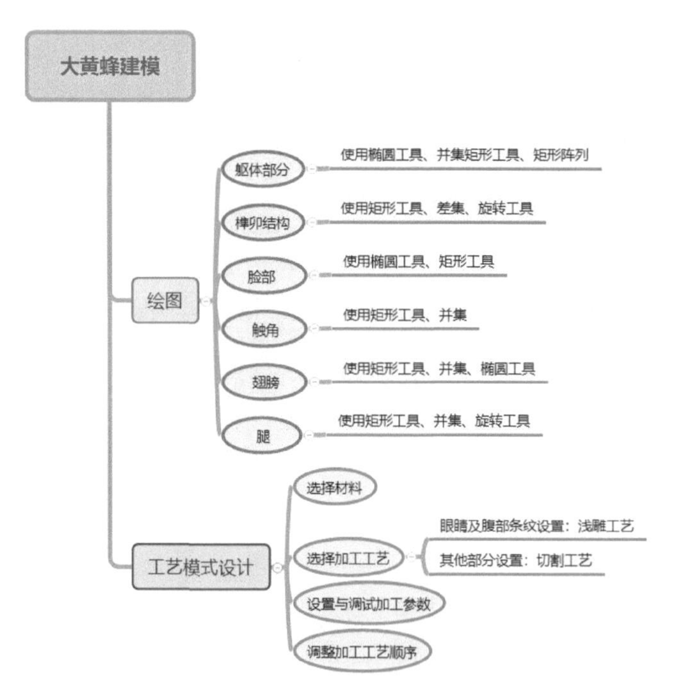

图5.138 大黄蜂建模流程

1. 调研与手绘设计

量一量

通过网络查阅大黄蜂的图片资料进行设计，根据你的设计，填写下表。

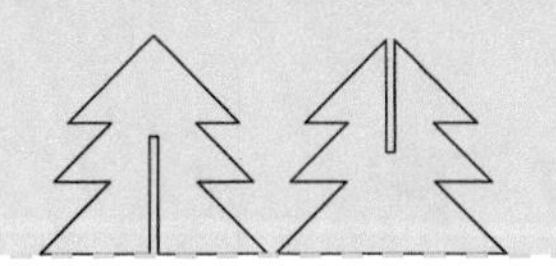

数据记录	单位：mm
长：	（躯体、脸部、触角、翅膀、腿）
宽：	（躯体、脸部、触角、翅膀、腿）
榫卯结构	榫尺寸：
	卯尺寸：
	榫卯数量：

画一画

根据自己的测量数据和设计元素，在框内绘制出大黄蜂的设计草图。

2．软件绘图

经过对大黄蜂的结构分析，我们可通过 6 个步骤将大黄蜂的图形绘制出来。

（1）绘制大黄蜂的躯干部分和榫卯结构

- 使用“椭圆形工具”绘制躯体

单击“椭圆形工具”，将鼠标指针移至绘图区空白处，按住鼠标左键不放，拖动鼠标，绘制一个椭圆形。将椭圆形的宽度修改为 20mm，高修改为 15mm，作为大黄蜂的头部。同样地，绘制一个宽为 25mm、高为 20mm 的椭圆形作为大黄蜂的胸部；另外绘制一个宽为 45mm、高为 25mm 的椭圆形作为大黄蜂的腹部，如图 5.139 所示。

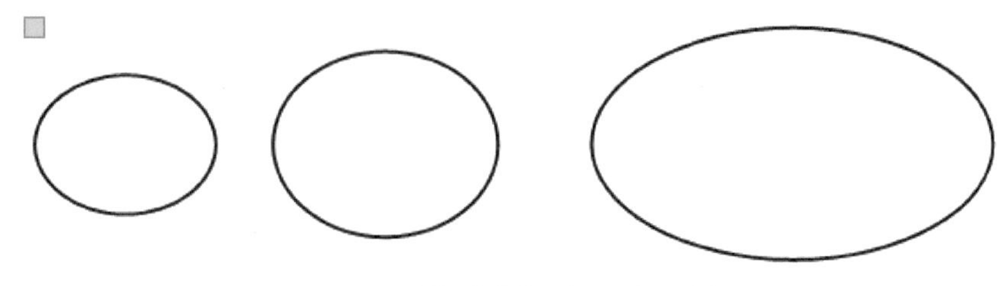

图5.139 绘制大黄蜂的头部、胸部、腹部

- 使用“并集工具”将 3 个椭圆形合并

移动椭圆形，使得 3 个椭圆形尾部依次相交。选中 3 个椭圆形，单击“并集工具”，即可将 3 个椭圆形合并成一个图形，作为大黄蜂的躯体部分，如图 5.140 所示。

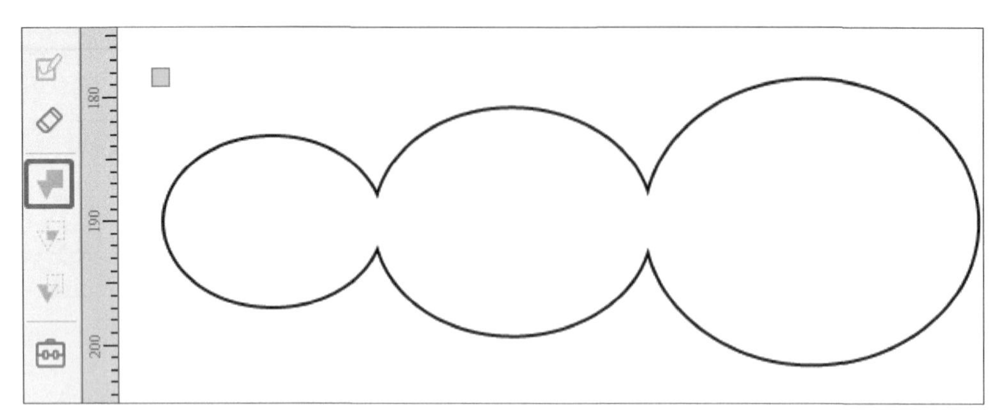

图5.140　合并3个椭圆形

- 使用“矩形工具”绘制连接躯体与脸部的榫头

单击“矩形工具”，将鼠标指针移至绘图区空白处，同时按住Ctrl键和鼠标左键不放，绘制一个正方形，将其边长修改为3mm。这个正方形将是连接脸部的榫。使用“对齐参考线”将其与躯体部分中的头部中间对齐。选中正方形与躯体部分，单击“并集工具”，将它们合并，形成榫头，如图5.141所示。

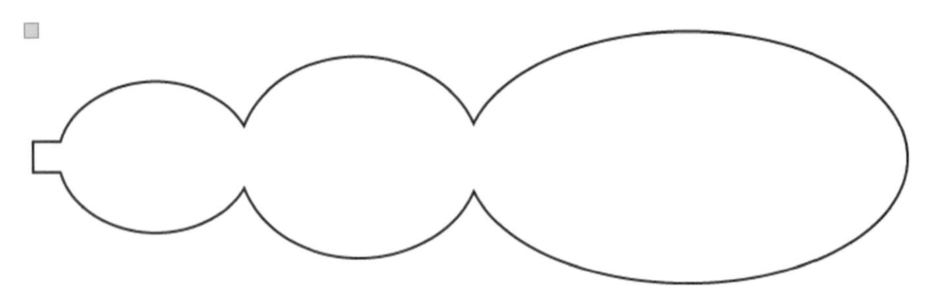

图5.141　绘制榫头

- 使用“矩形工具”“旋转”和“差集工具”绘制头部与触角连接的卯

单击“矩形工具”，绘制一个宽为3mm、高为4mm的长方形。将鼠标指针移至工具栏，在“旋转”角度输入框中输入“-15”，单击“旋转”，逆时针旋转15°，将其拉至大黄蜂头部上边中间位置，单击“差集工具”，形成连接触角与头部的卯，如图5.142所示。

- 使用“矩形工具”“旋转”和“差集工具”绘制胸部与翅膀连接的卯

单击“矩形工具”，绘制一个宽3mm、高4mm的长方形，将鼠标指针移至工具栏，在“旋转”角度输入框中输入“-15”，单击“旋转”，逆时针旋转15°。将其移至大黄蜂胸部并对齐，单击“差集工具”，形成连接胸部与翅膀的卯，如图5.143所示。

- 使用“矩形工具”和“矩形阵列”绘制连接胸部与腿的卯

单击“矩形工具”，绘制一个宽3mm、高4mm的长方形，将其移至大黄蜂的腹部，

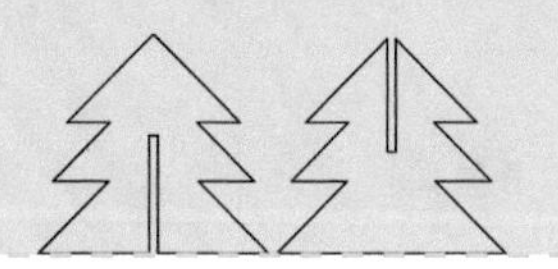

单击“矩形阵列”，在“水平个数”栏输入 3，“水平间距”栏输入 5，其余栏输入 1，形成连接腹部与腿的卯，如图 5.144 所示。

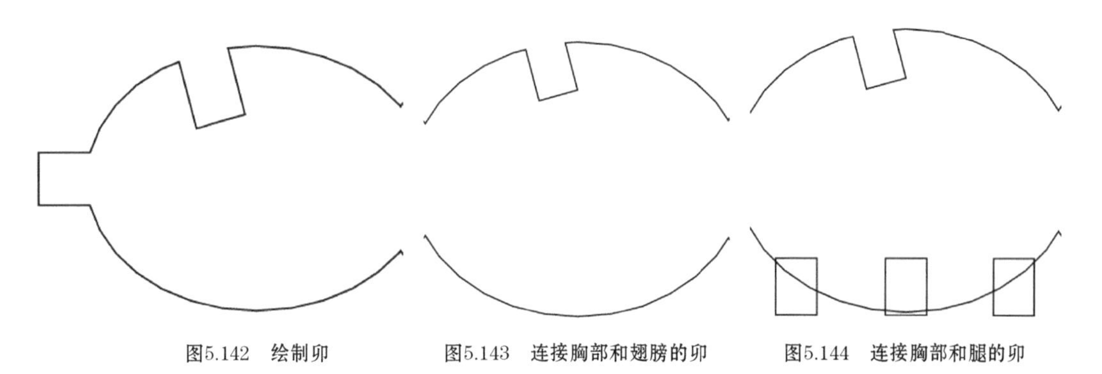

图5.142 绘制卯　　图5.143 连接胸部和翅膀的卯　　图5.144 连接胸部和腿的卯

- 使用“矩形工具”和“矩形阵列”绘制大黄蜂腹部条纹

单击“矩形工具”，单击鼠标左键，拖动鼠标，绘制一个长方形。将其宽度修改为 3mm、高度修改为 25mm。单击“矩形阵列”，在弹出的对话框中，在“水平个数”栏输入 5，“水平间距”栏输入 4，其余栏输入 1，如图 5.145 所示。

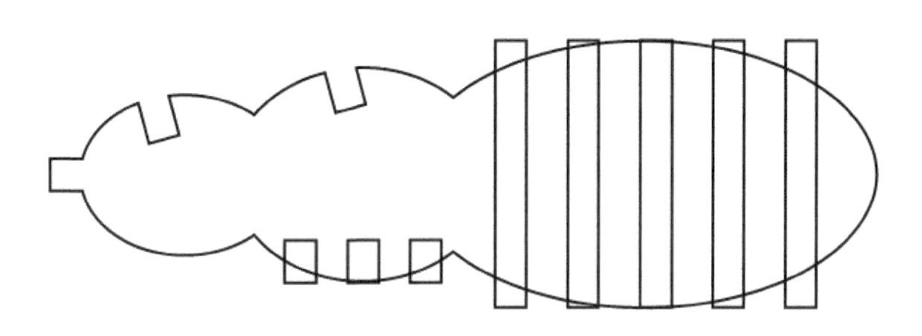

图5.145 绘制腹部条纹

（2）使用“矩形工具”和“椭圆形工具”绘制大黄蜂脸部

- 单击“矩形工具”，在绘图区空白处绘制一个长方形。将长方形的宽度修改为 15mm，高度修改为 8mm，作为眼睛轮廓。按住 Ctrl 键和鼠标左键不放，绘制一个边长为 3mm 的正方形，作为大黄蜂白马嘴，同时也是连接脸部与头部的卯。选中正方形，将其移动至长方形中心，如图 5.146 所示。

将鼠标指针移至图库面板，在“选择图库”的“1. 常用图形”中选择“同心圆”，将其拖至绘图区空白处。将外圆的直径修改为 4mm，内圆的直径修改为 1.5mm。选中同心圆，单击鼠标右键复制，作为大黄蜂的两只眼睛。选中两个同心圆，并且将两个同心圆分别移至正方形左右两边，并且相互对齐，如图 5.147 所示。

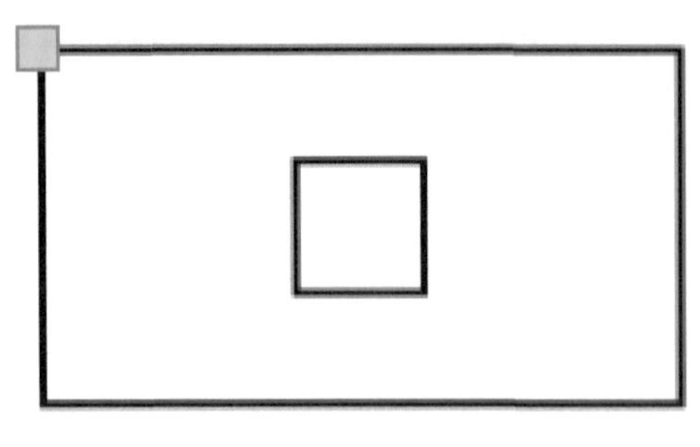
图5.146　绘制大黄蜂的脸部

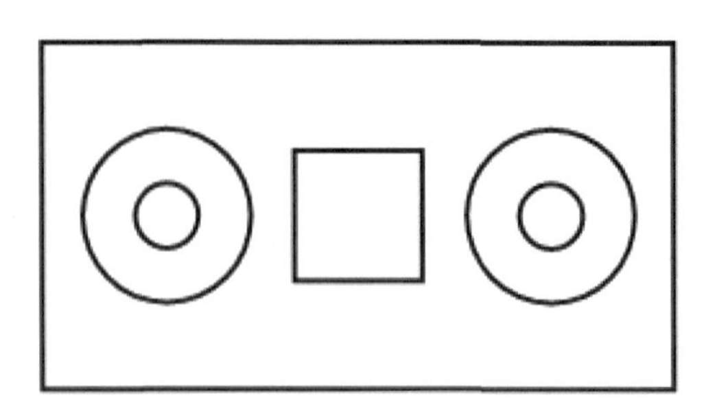
图5.147　绘制大黄蜂的眼睛

（3）绘制大黄蜂的触角

- 使用“矩形工具”和“差集工具”绘制触角的卯

单击“矩形工具”，绘制一个宽为 9mm、高为 5mm 的长方形和一个边长为 3mm 的正方形。选中正方形，将其移至长方形下边中间对齐。单击“差集工具”，将重叠部分删掉，如图 5.148 所示。

- 使用“矩形工具”“旋转”和“并集工具”绘制触角

单击“矩形工具”，绘制一个宽为 3mm、高为 4mm 的长方形 1；另外绘制一个宽为 3mm、高为 7mm 的长方形 2，将鼠标指针移至工具栏，在“旋转”的角度输入框中输入“-30”，逆时针旋转 30°，单击“旋转”。将旋转后的长方形 2 移至长方形 1 的右角处，同时选中两个长方形，单击“并集工具”，使之合并成一个图形，如图 5.149 所示。

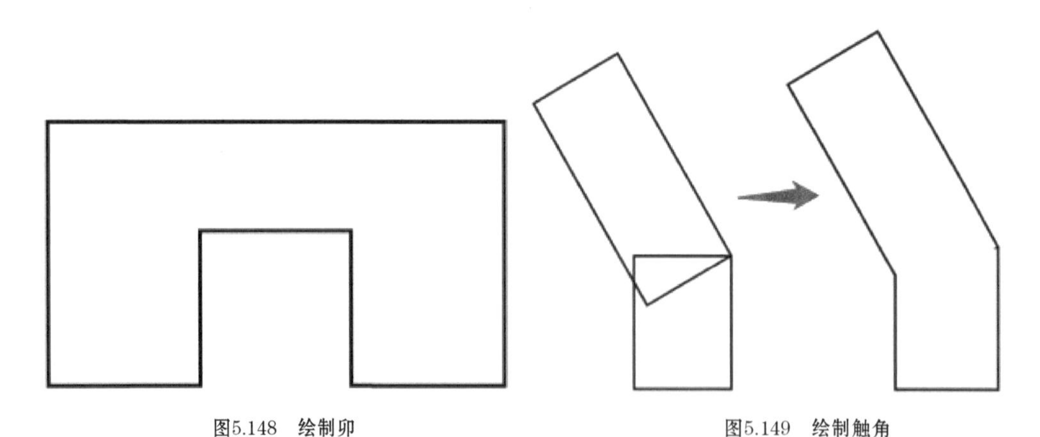
图5.148　绘制卯　　图5.149　绘制触角

选中合并后的图形，单击鼠标右键，复制一个同样的图形，单击“水平翻转”，使之从左至右进行翻转，如图 5.150 所示。

将两个触角分别移至图 5.151 所示的卯处，使之与卯的左右两边对齐。选中全部图形，单击“并集工具”，即可得到带有卯的触角。

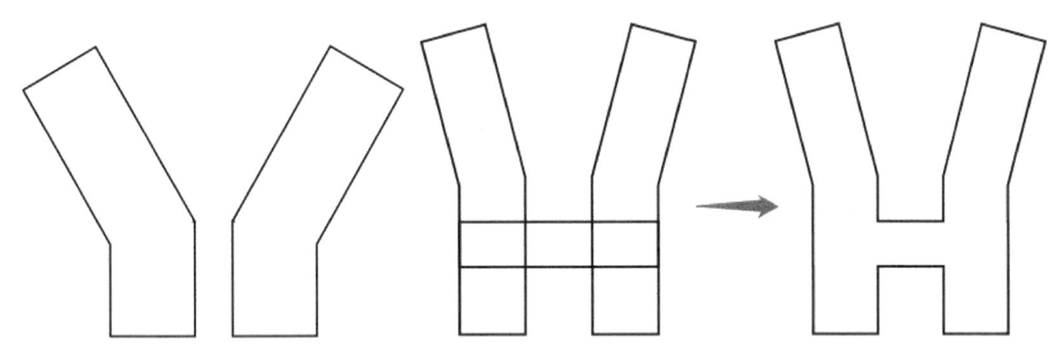

图5.150 复制出另一个触角 图5.151 将触角与卯合并

（4）绘制大黄蜂的翅膀

● 使用“矩形工具”和“差集工具”绘制卯

单击“矩形工具”，绘制一个宽 12mm、高 5mm 的长方形，绘制 3 个边长为 3mm 的正方形。将其中一个正方形移至与长方形下边中间对齐，单击“差集工具”，再将另外两个正方形分别移至长方形左右两侧，如图 5.152 所示，翅膀的卯即可完成。

● 使用“椭圆工具”“矩形工具”和“并集工具”绘制翅膀

单击“椭圆形工具”，绘制一个宽 45mm、高 10mm 的椭圆形；单击“矩形工具”，绘制一个宽 3mm、高 4mm 的长方形，作为榫。将鼠标指针移至工具栏，在“旋转”角度输入框中输入“-60”，单击“旋转”，将其逆时针旋转 60°。将其移至与椭圆形边缘。单击“并集工具”即可合并成翅膀的图形，如图 5.153 所示。

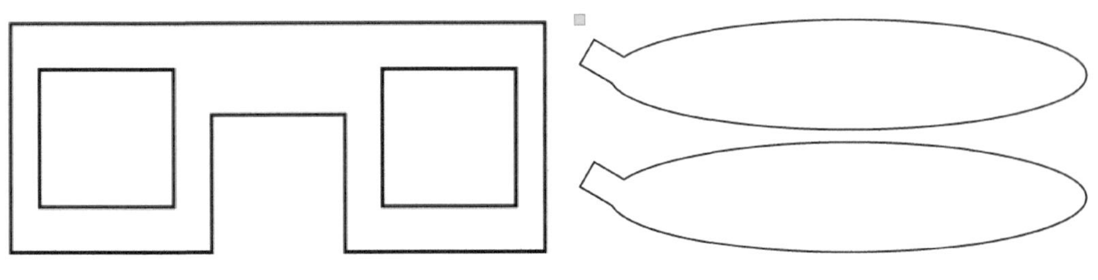

图5.152 绘制翅膀的卯 图5.153 绘制翅膀

（5）绘制大黄蜂的腿

● 使用“矩形工具”“差集工具”绘制卯

单击“矩形工具”，绘制一个宽 12mm、高 5mm 的长方形以及一个边长为 3mm 的正方形。将正方形移至长方形上边中间对齐，单击“差集工具”进行差集处理，形成一个卯，如图 5.154 所示。

● 使用“矩形工具”“旋转”“水平翻转”和“并集工具”绘制大黄蜂的腿

单击“矩形工具”，绘制一个宽 15mm、高 3mm 的长方形，将鼠标指针移至工具栏，在“旋转”角度输入框中输入“-30”，单击“旋转”，将其逆时针旋转 30°。将其与卯（见

图 5.154）右下角对齐；单击“矩形工具”，绘制一个宽 20mm、高 3mm 的长方形，旋转 30°，与第一个长方形的右上角对齐；再绘制一个宽 5mm、高 3mm 的长方形，与第二个长方形的右下角对齐，如图 5.155 所示。

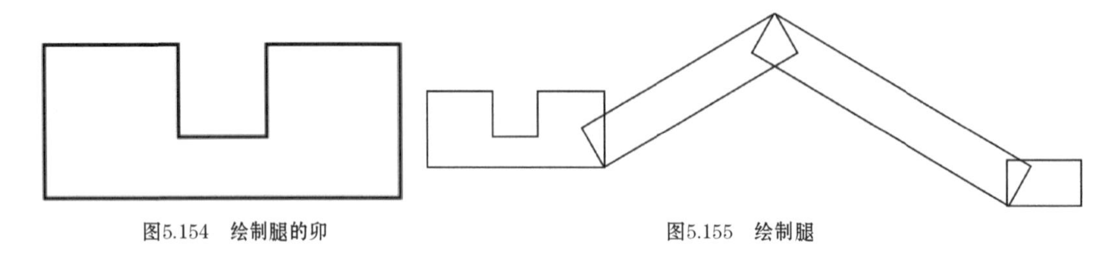

图5.154　绘制腿的卯　　图5.155　绘制腿

选中 3 个长方形，单击鼠标右键进行复制，单击“水平翻转”，将翻转后的图形移至卯另一边对齐。选中全部图形，单击“并集工具”，即可合并为一对腿的图形，如图 5.156 所示。

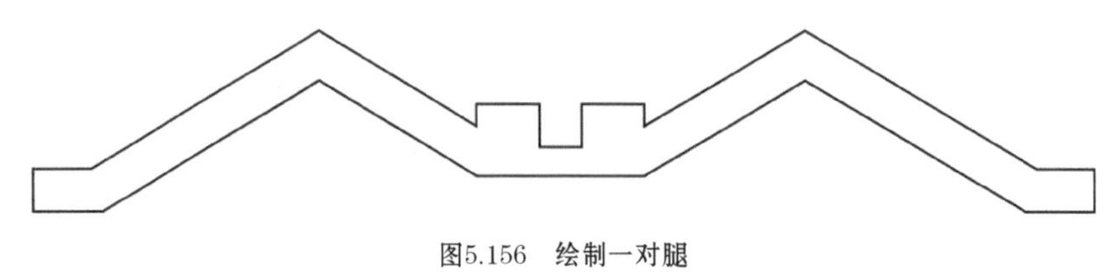

图5.156　绘制一对腿

单击“矩形阵列”，在“垂直个数”栏输入 3，其余栏输入 1，即可复制出大黄蜂的另外两对腿，如图 5.157 所示。

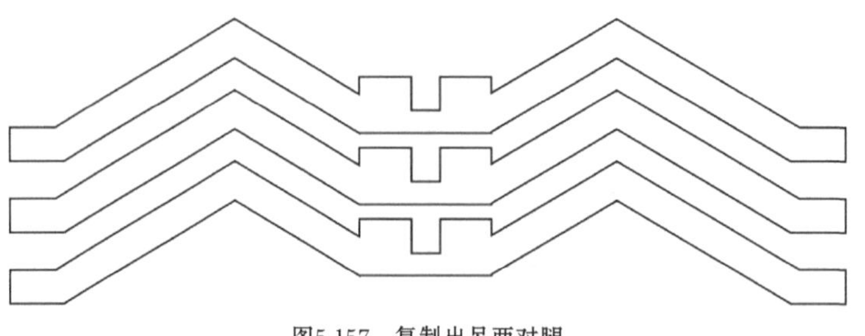

图5.157　复制出另两对腿

完成以上步骤后，大黄蜂的图形就绘制完成了，如图 5.158 所示。

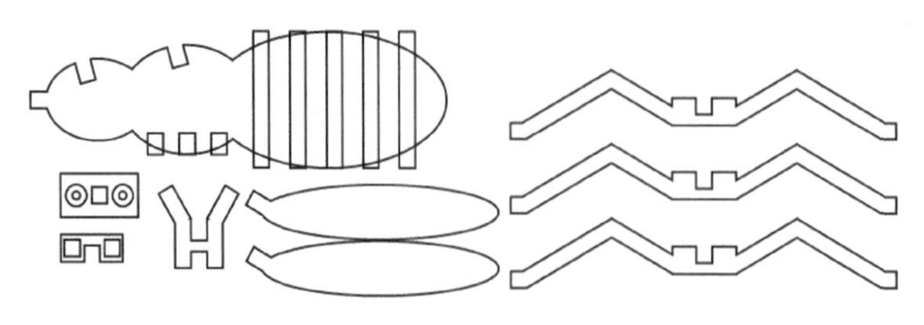

图5.158　制作大黄蜂所需的全部部件

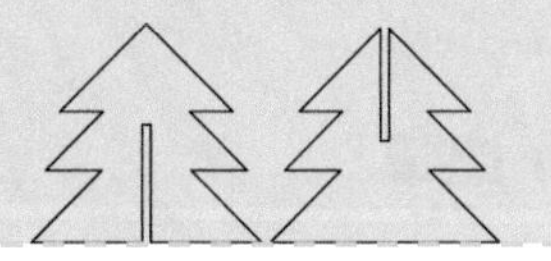

3．工艺模式设计

如图 5.159，选中大黄蜂腹部条纹对象，设置为“黄色浅雕”工艺图层，双击该图层，弹出“加工参数”对话框，设置加工材料为亚克力板、工艺为浅雕、加工厚度为 0.1mm；

选中大黄蜂脸部对象，设置为“红色描线”工艺图层，双击该图层，弹出“加工参数”对话框，设置加工材料为亚克力板、工艺为描线、加工厚度为 0.1mm；

选中大黄蜂其余部分，双击其对应的“黑色切割”工艺图层，弹出“加工参数”对话框，设置加工材料为亚克力板、工艺为切割、加工厚度为 3mm。

最后调整加工工艺的图层顺序为：浅雕→描线→切割，如图 5.160 所示。

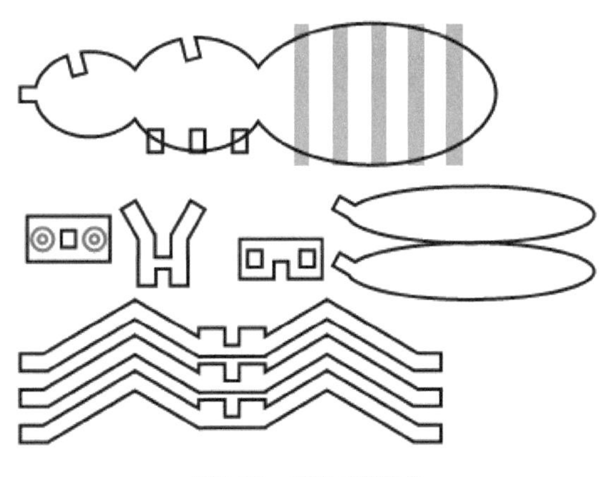

图5.159　设置工艺模式

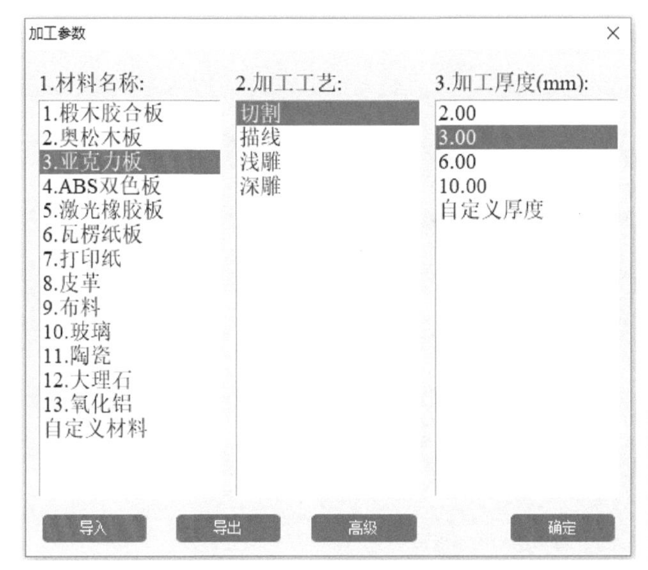

加工工艺	速度	功率	输出
浅雕	500.0	12.0	☑
描线	200.0	7.0	☑
切割	25.0	70.0	☑

图5.160　设置加工参数和调整加工工艺顺序

思考与调试

（1）观察和分析脸部与头部、触角与头部、躯体与翅膀、躯体与腿的榫卯连接方式是否相同？你是否能设计出其他榫卯连接结构？

（2）榫头和卯的尺寸是否需要完全一致？修改尺寸，体验其拼插紧密度的不同。

（3）如果要求6条腿的关节也设计为榫卯结构，是否可以？怎样设计？

5.11.5　成品展示

成品如图 5.161 所示。

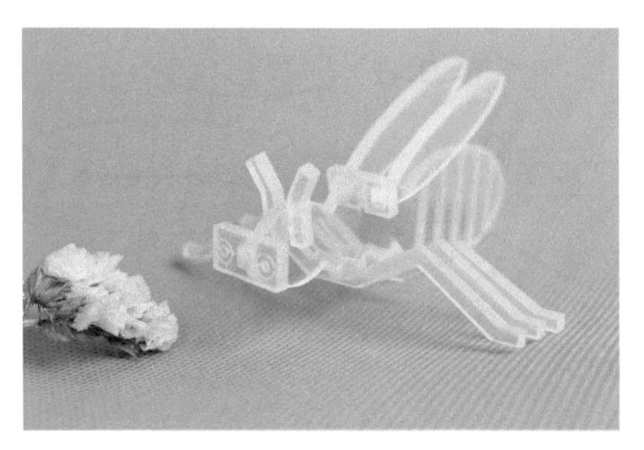

图5.161　成品展示

5.11.6　拓展练习

你能用 LaserMaker 绘制图 5.162 所示这只榫卯结构的小老鼠吗？

图5.162　榫卯结构的小老鼠

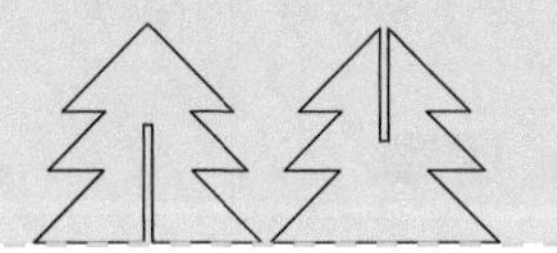

5.11.7 作品欣赏

图 5.163 是 LaserBlock 开源社区的各种立体榫卯结构作品，供大家参考、欣赏。

图5.163 激光切割榫卯结构作品展示

5.12 立体项目 6 小台灯

5.12.1 项目目标

知识与技能	了解“快速造盒”一键生成的模板操作方法及盒子结构的设计原理。
思维培养	◆设计思维 （1）理解盒子结构相邻两个面连接的指接榫结构设计。 （2）认识指接榫结构设计的立体造型和二维绘制图。 ◆计算思维 （1）掌握指接榫结构榫头和卯的尺寸计算方法。 （2）掌握盒子型六面体的三维结构和二维展开图的计算方法。 ◆工程思维 （1）认识六面体结构的一般设计和制作方法。 （2）感受利用“快速造盒”一键生成模板功能制作榫卯结构盒子的效率。
社会责任与道德素养	在练习时可在样式上模仿他人的作品，创作时须做改良式创新。

5.12.2 应用场景

台灯是人们生活中用来照明的一种灯，主要用于阅读、学习，也常常用作装饰品放在卧室床头、书桌、电视柜上，以此来营造气氛，如图 5.164 所示。小台灯的风格多种多样，台灯一般为圆柱体、正方体或长方体造型，也有采用各种艺术设计的。长方体台灯灯罩的平面展开图是由长方形或正方形构成的，把 6 个面拼接在一起，就构成一个灯罩。为了透光性更好，可以对灯罩面做一些处理，在灯罩里面再安装电路和灯具，就形成一个简单的小台灯了。现在我们来试着用 LaserMaker 软件设计

图5.164 小台灯

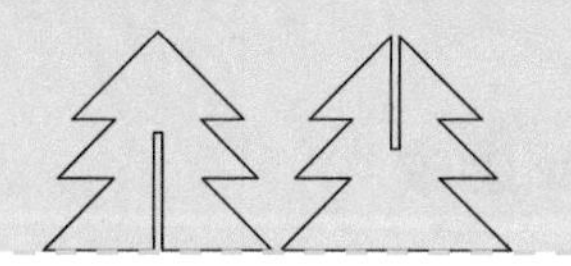

和制作一款小台灯。

5.12.3 项目分析

（1）制件外形：台灯的灯罩造型多种多样，有长方体的、环形的、半球体的等，不同的造型和结构，绘制方法不同。六面体型台灯可按盒子结构来制作，环形和半球体造型的台灯，涉及曲线，可使用横截面和纵截面组成。为加强连接的紧密度，可用指接榫的方式连接，即用多个榫和卯连接。

（2）建模方法：LaserMaker 中有“快速造盒”功能，可用于完成带榫和卯的六面体展开图形的绘制。

（3）制件尺寸：根据台灯大小需求以及激光切割机工作幅面来确定尺寸；由于盒子相邻两面连接，榫卯结构属于指接榫，榫和卯的尺寸要设置为一致。

（4）拼接方式：将相邻两面榫卯拼接起来，由于榫和卯尺寸一样，为使榫卯咬合紧密，需要使用锤子或其他重物将榫锤打进卯。

（5）材料选择：椴木胶合木板、奥松板、瓦克力板或瓦楞纸。

（6）工艺效果：可在灯罩周围 4 个面或全部 6 个面做一些艺术图案的设计，可以用切割工艺实现镂空效果，也可以用描线工艺或雕刻工艺形成蚀刻的效果，可对制件上色。

5.12.4 建模过程

小台灯建模流程如图 5.165 所示。

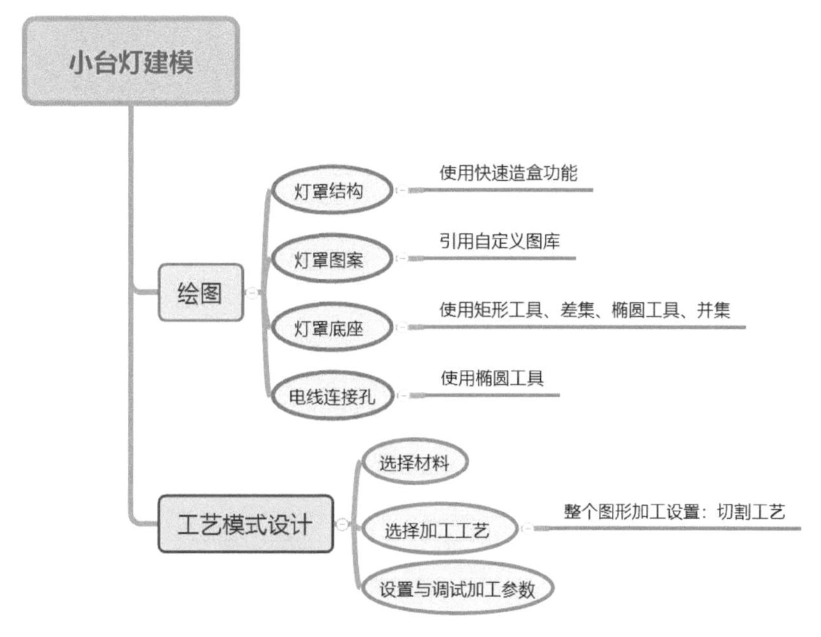

图5.165　小台灯建模流程

1．调研与手绘设计

量一量

根据你的项目设计结合实际考虑小台灯的尺寸，并填写下表。

数据记录		单位：mm
长：	宽：	高：

画一画

请根据自己的测量数据和设计元素，在框内绘制出小台灯的设计草图。

2．软件绘图

经过对小台灯的结构分析，我们可通过 5 个步骤将小台灯的图形绘制出来。

（1）使用“快速造盒”功能绘制小台灯灯罩和榫卯结构

- 绘制小台灯的灯罩有两种方法，一种是用绘图箱的工具绘制 4 个长方形并且绘制每个长方形的榫结构或者卯结构，另一种方法是直接使用 LaserMaker 的“快速造盒”功能输入盒子尺寸，生成长方体盒子，作为小台灯的灯罩。后一种方式较为快捷，作为快速造物来说，避免了榫卯原理推算、尺寸计算和绘制的烦琐，提升了造物效率。

在工具栏中单击“快速造盒”，弹出“快速造盒”的对话框，输入灯罩的尺寸。如图 5.166 所示，在“盒子宽度”处输入 150mm，“盒子高度”处输入 200mm，“盒子深度”处输入 150mm，以上尺寸为盒子的“外部尺寸”，选择凹槽大小为 25mm，“材料厚度”默认为 3mm，将“激光补偿”修改为 0.12mm，输入完毕后，单击“创建盒子”，即可将盒子添加到绘图区内，小台灯的灯罩框架就完成了，如图 5.167 所示。

（2）用“选择图库”添加灯罩图案

- 将盒子上的文字“前、后、左、右、上、下”依次删除，在“选择图库”“8. 自定义图库”中找到“森林小鹿”图案，将其拖曳至灯罩的 4 个侧面，灯罩图案部分就添加完了，如图 5.168 所示。

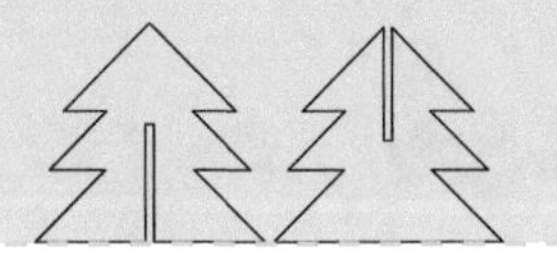

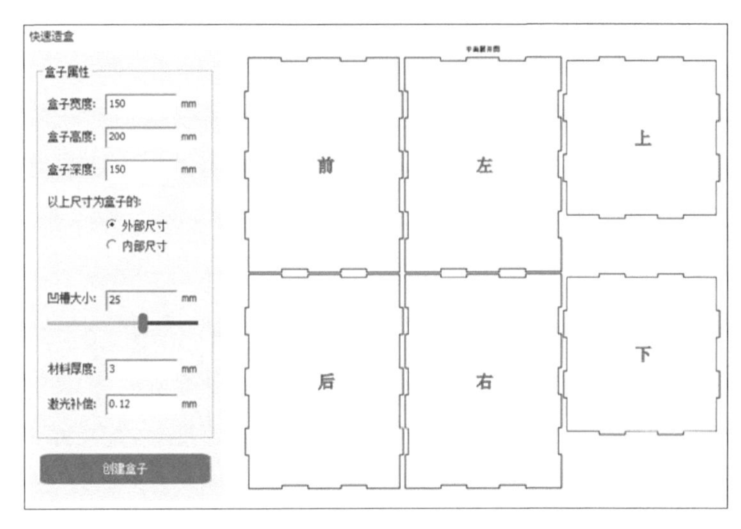

图5.166 用“快速造盒”绘制灯罩

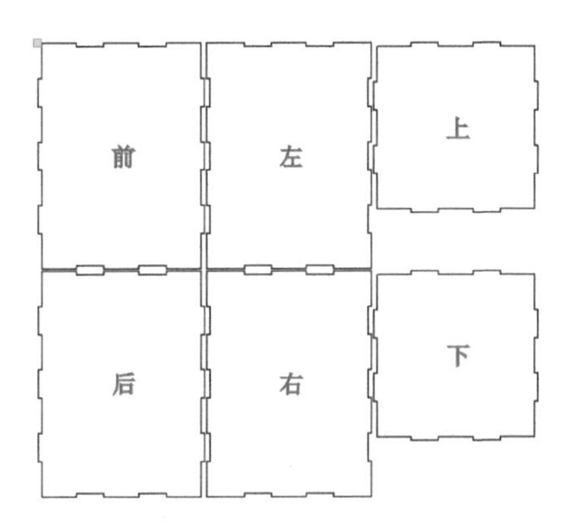

图5.167 灯罩绘制完成

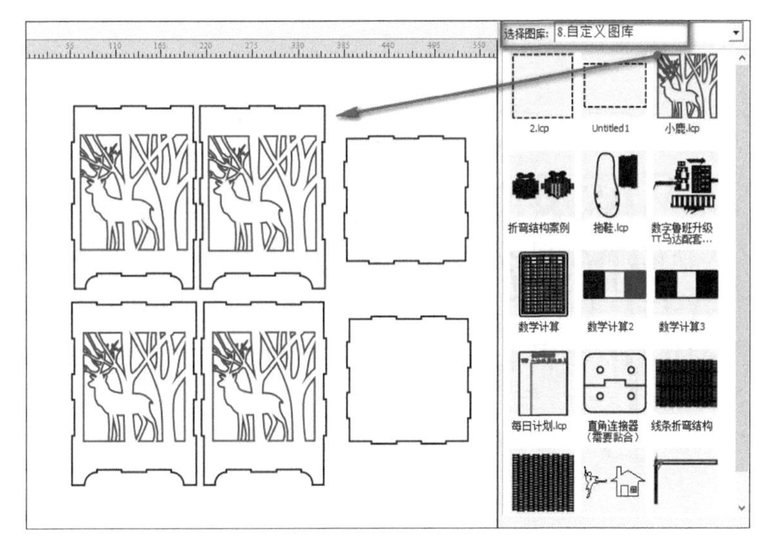

图5.168 添加灯罩图案

（3）绘制小台灯底座

- 使用“矩形工具”和“椭圆工具”绘制底座形状

单击“矩形工具”，绘制一个宽为 31.43mm、高为 15mm 的长方形，使之与灯罩左边凸出来的部分对齐；单击“椭圆工具”，绘制一个直径为 30.19mm 的圆形，圆形的四分之一与小矩形对齐，如图 5.169 所示。

图5.169　绘制小矩形和圆形

- 使用“差集”和“并集”处理底座图形

选中圆形，单击“差集”，用圆形将矩形的一部分图形删掉，形成底座的一个脚，复制这个脚并进行“水平翻转”，将其与灯罩右边对齐。按住 Ctrl 键，选中灯罩外框和底座两个脚，单击“并集”，灯罩的一面底座就完成了。剩余的 3 面灯罩可直接复制已经绘制完成的底座，如图 5.170 所示。

图5.170　优化底座图形

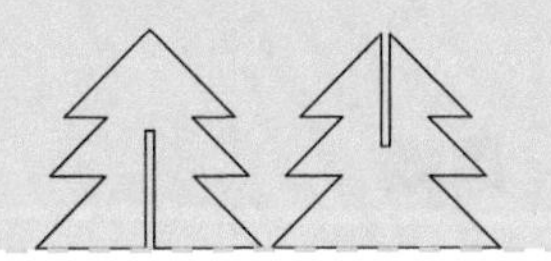

（4）使用“椭圆工具”绘制小台灯底板上的螺丝孔和电线孔

- 单击“椭圆工具”，在底面中绘制两个直径为3mm的圆形，两个圆形水平距离为99mm（这里的长度是根据小台灯安装的LED灯带的长短所定的），并且拉至其中一个正方形中间对齐，这是用于将灯带固定在底板的两个螺丝孔。接着绘制一个直径为4mm的圆形，设置在右侧小孔正下面20mm处，作为电线的出口。如图5.171所示，底板的螺丝孔和电线孔就绘制完成了。

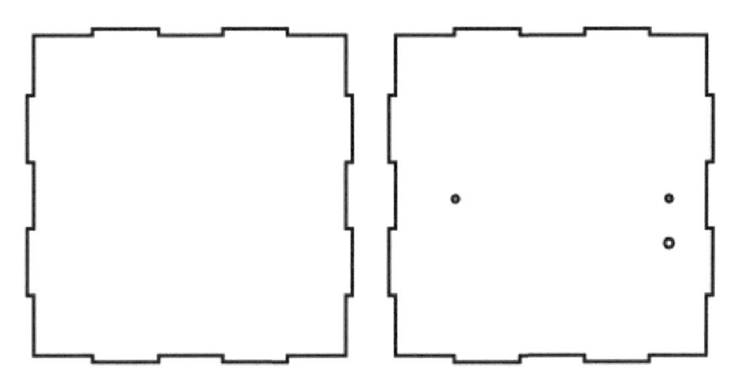

图5.171　绘制底板上的螺丝孔和电线孔

完成以上步骤后，小台灯的图形就绘制完成了，如图5.172所示。

图5.172　绘制完成的小台灯图形

3．工艺模式设计

选中小台灯对象，双击其对应的“黑色切割”工艺图层，弹出“加工参数”对话框，

设置加工材料为椴木胶合板，工艺为切割，加工厚度为 3mm，单击“确定”后退出，加工参数即显示在工艺图层。

小台灯作品只用了切割工艺，如图 5.173 所示。

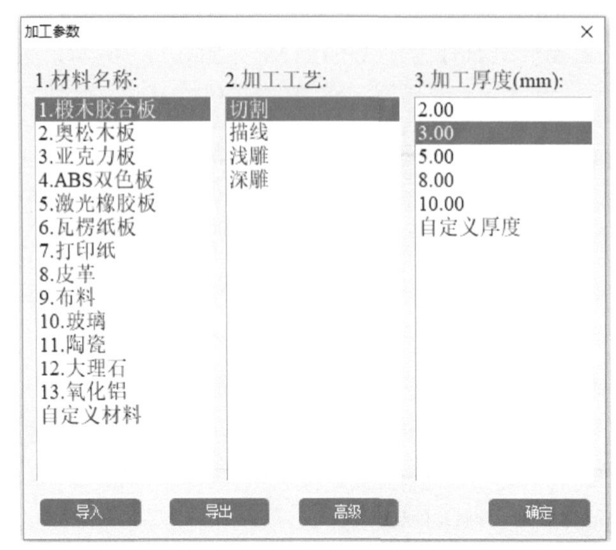

加工工艺	速度	功率	输出
切割	40.0	70.0	✓

图5.173 设置加工工艺及加工参数

思考与调试

（1）如果不用“快速造盒”功能，相邻两面连接，可用什么方式连接？效果如何？

（2）相邻两面的榫和卯的尺寸跟什么有关？如果将榫改小于卯会怎样？改小多少具有可行性？当温度或湿度变化，材料可能会产生什么变化？

（3）是否可以将榫头与榫眼的数量相应增多或减少？效果如何？

5.12.5 成品展示

成品如图 5.174 所示。

图5.174 成品展示

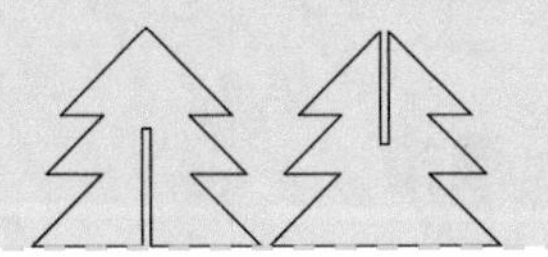

知识卡片

指接榫

指接榫是传统榫卯工艺之一，指接板由多片木板拼接而成，类似左右双手手指交叉对接，故得名“指接榫”，如下图所示。指接榫常使用在箱盒结构上，因为它可增加胶合的面积，进而增强结构的坚固性。

5.12.6 拓展练习

雕花工艺是中华民族优秀的民间艺术工艺之一，雕花台灯除了日常的用途之外，还可以很好地为家庭增添高雅气氛。完成上面的小台灯绘制后，你一定会对台灯的绘制有一定程度的了解。你能在 LaserMaker 里绘制出图 5.175 所示的这个精致的雕花台灯吗？尝试动手制作，为你的家增添一点艺术氛围吧！

图5.175 雕花台灯

5.12.7 作品欣赏

图 5.176 是 LaserBlock 开源社区的各种灯饰作品，供大家参考、欣赏。

图5.176　激光切割灯饰作品展示

从想法到实现，我们需要天马行空的火花，也需要脚踏实地的技术。激光切割创作最打动你的，是亲手设计的东西随即出现在你眼前——造物有惊喜。

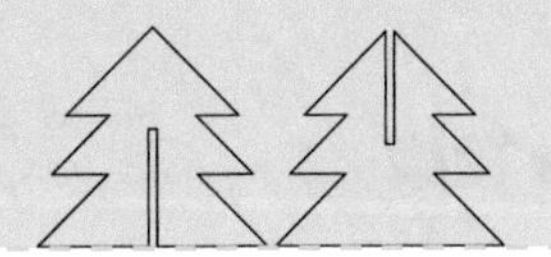

5.13 综合造物：我的激光产品

学习了 LaserMaker 的功能以及操作，熟悉了 12 个项目的具体制作，那么，你是否能够独立设计属于自己的激光产品了呢？一起来试试吧。

5.13.1 设计策划

1．调研与想法

你在日常的学习、生活中观察到了什么？发现了什么？想用作品解决什么问题？围绕以下的问题，填写你的想法。

关于我的激光产品
你在学习、生活中观察到了什么？它的三维形体和二维图形分别是怎样的？ ● 三维形体： ● 二维图形临摹：
它在哪些方面最打动你：
受它的触动，你想设计的作品是：
你的作品是否可以用激光切割技术实现？
作品的创意点是：
你想通过作品表达的情感或解决的问题是：
作品将主要用于什么场景、服务于什么人？

2．设计草图

围绕初期的想法，尽情发挥想象力，设计出作品的草图。

5.13.2　设计方案

1．项目分析

项目	分析
制件外形	
建模方法	
制件尺寸	
拼接方式	
材料选择	
工艺效果	

2．项目建模

通过前期的设想、资料的查阅和探讨论证，参考 12 个项目范例的思维导图，策划你的建模，请在以下方框内用思维导图呈现你的设计方案。

5.13.3 建模和切割试样

1. 测量数据

请把测量与拟设计的数据填入下表。

数据记录 单位：mm	
长	
宽	
高	
榫卯结构	榫尺寸： 卯尺寸： 榫卯数量：

2. 建模过程

3. 切割试样

4．其他配件

5.13.4 分享和迭代

1．作品展示

• 亮点展示（拍照）：

• 将作品分享到激光制作开源社区
作品链接：

2．修改与迭代衍生的版本

• 作品照片：

在这些作品的衍生版本中，主要修改和完善了哪些方面？

工艺模式	
参数设置	
材料选择	
后期加工	

5.13.5 产品的宣传推广

以作品作为 1 代产品进行宣传推广，请写出你的宣传文案，包括想法、设计理念、服务场景、产品照片、价格定位等。